바이오가스 마스터플랜

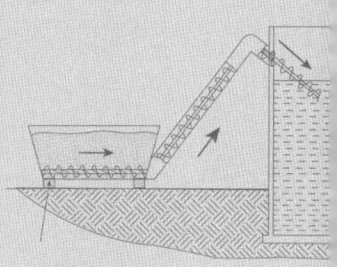

김용성 지음

가축분뇨, 음식물쓰레기도 훌륭한 에너지자원이 된다. 최근 지구의 최대 에너지자원인 석유가 점차 고갈되어감에 따라, 이를 대체할 수 있는 에너지자원 연구가 활발히 진행 중이다. 그중 떠오르는 대체 에너지가 바로 바이오가스다. 바이오가스는 생물학을 뜻하는 단어 'Biology'와 'Gas'가 결합한 단어로, 에너지가 부족한 요즘 대체 에너지로서 주목받고 있다. 바이오가스는 가축의 분뇨나 음식물쓰레기의 박테리아에 의해 생산되며 연료로 사용할 수 있는 가스를 의미한다.

BIOGAS MASTERPLAN

도서출판
CIR 씨·아이·알

Chapter 1

바이오가스 개요

지구온난화와 더불어 환경, 생태계문제, 원자력에너지의 안전성 문제가 대두되면서 대체에너지가 하나의 시대적 요구로 인식되고 있다. 대체에너지, 재생에너지분야에서 독일이 전 세계적으로 앞서가고 있다고 한다. 풍력, 태양력 등이 그 주류를 이루고 있다. 그와 동시에 꼭 빠지지 않는 분야가 바이오에너지이다. 현존하는 최대 에너지가 바이오매스에 잠재되어 있기 때문이다. 그중 한국에서는 가축분뇨와 음식물쓰레기, 산업체에서 나오는 바이오쓰레기, 슬러지 등으로부터의 에너지생산에 관심을 많이 두고 있다. 이런 한국의 정책적 방향 속에서 저자는 그중 한 분야인 바이오가스에 관련하여 몇 가지를 정리하고 싶은 것이다. 돼지나 소분뇨에서 에너지가 나온다? 음식물찌꺼기에서 에너지를 생산한다? 이런 일이 가능하겠는가? 가능하다. 이 현상은 지구에서 가장 오래된 자연현상에 그 바탕을 두고 있다. 즉 박테리아를 이용한 바이오가스 생산이다. 이러한 바이오가스를 이용하여 에너지를 만들어 내려는 시도가 요즘 다시 주목을 받고 있다. 석유값도 올라갈 뿐만 아니라 채소값의 변동, 특히 폭락으로 농민들은 다른 살 길을 모색하기도 한다. 자신의 곡물을 바이오가스 생산에 이용하는 것이다. 바이오가스를 생산해서 팔거나 바이오가스를 전기나 열로 바꾸어 팔면 오히려 더 이익이 되기 때문이다. 물론 여기에는 정부의 경제적·제도적 뒷받침이 있을 때의 이야기다. 그래서 쉽지만은 않다.

바이오가스란 무엇인가? 동물사체나 식물을 내버려 두면 썩는다. 썩는 과정은 공기 중에 썩는 것과 공기가 차단됐을 때 썩는 두 가지 종류가 있다. 두 번째 경우 즉 이러한 유기물이 자연적인 먹이사슬 중 마지막 단계의 하나로 O_2(산소, 공기)가 없는 상태에서 미생물에 의해 분해가 될 때 가스가 생성되는데 이 생성되는 가스를 바이오가스라고 말한다. 주로 CO_2(이산화탄소)와 CH_4(메탄)이다. 바이오가스는 태울 수 있는 가스이다. 즉 가연성으로 약 5~6kWh/m^3 에너지를 갖고 있어서 이것을 태울 때 열에너지를 생산하게 된다. 바이오가스를 탄소순환개념에서 자연 순환시키는 것이 아니라 태움으로써 에너지로 이용할 수 있다는 것이다. 바이오가스 연소과정에서 CO_2가 발생될 수도 있지만 전체적인 탄소순환에 있어서 온실가스 감축이라는 효과를 낳을 수 있다. 이러한 과정에서 배출되는 CO_2는 유기물이 식물 형태로 다시 성장할 때 흡수되기 때문에 흔히 바이오가스 생산공정은 CO_2 중립적이다라고 말을 한다. 유기물 중에는 혐기성 박테리아가 분해시키지 못하는 것들도 있다. 또 분해되어 남은 찌꺼기들이 있다. 주로 리그닌이나 미네랄 등이 그것이다. 이러한 바이오가스 생산공정 이후에 남는 소화액은 식물이 자라나는 데 필요한 영양소를 공급하게 된다. 이처럼 유기물이 있다면 시간이 지남으로 자연적으로 미생물에 의해 썩어 없어지듯이 바이오가스 생산공정은 유기물의 분해 과정에서 생성되는 하나의 자연현상인 것이다.

바이오가스에 기초가 있다. 즉 바이오가스를 응용하려 할 때 몇 가지를 고려해야 한다. 바이오가스 생산공정을 충분한 이해 없이 단순한 폐기물처리 또는 에너지생산이라는 현실적·경제적인 이유로 접근하게 된다면 많은 문제를 야기할 수 있다. 폐기물처리를 위한 것이라면 소화액처리가 문제가 될 수 있다. 이때 바이오가스 생산공정은 또 다른 폐기물을 발생시킬 뿐만 아니라 그 경제성과 당위성도 떨어지게 될 수도 있다. 단순한 폐기물처리라면 바이오가스 생산공정은 많은 비용이 들어갈 뿐만 아니라 이러한 공정 이외에도 컴포스팅, 매립 등 다른 많은 현실적인 방법도 있을 수 있다. 또한, 에너지생산만을 위한 것이라면 안정적이고 대량의 좋은 원료가 필요한데 이것은 자칫 기존의 유기물의 자연순환구조(생태계)를 파괴시킬 수도 있다. 또는 기존의 식량안전을 위협할 수도 있다. 그래서 바이오가스를 접할 때 먼저 유기물, 미생물과 자연조건(환경)이라는 이 세 가지 기초 즉 기본요소를 놓치지 말아야 한다. 이것들을 고려하면서 바이오가스 사업을 진행한다면 실수를 줄일 수 있을 것이다. 여기에 무엇 하나 지나치게 과장되어 절충점을 찾지 못하게 되면 문제가 야기될 수 있는 것이다.

그중 대표적인 예가 바이오가스 생산공정의 무차별적인 도입이다. 바이오가스 생산 시설의 사업을 진행할 때 첫 번째 조건인 유기물에 대한 이해가 충분히 되어 있지 않은 상황에서 선진기술을 직수입하고 적용시키려 할 때는 기술수입, 보존수리 등 여러 곳에서 문제가 발생할 수 있다. 따라서 한국의 생태계와 사용할 유기물 상황을 파악하여 가장 적절한 바이오가스 생산공정을 적용해야 하는 것이 우선이 된다. 이것은 바이오가스 생산공정의 시작인 원료가 유기물이며, 끝인 소화액을 다시 받아서 사용해야 할 주체(식물)도 유기물이기 때문이다. 즉 바이오가스 프로세스의 시작과 끝이 된다. 다시 말하면 기술수입 또는 한국형 기술개발이 우선이 아니라 한국형 생태계 파악, 유기물 파악과 이해가 우선되어야 하는 것이다. 무엇이 원료가 될 수 있으며 무엇이 소화액(바이오비료)을 필요로 할 것인가에 대한 생태계에서 영양소 순환을 우선적으로 고려해야 한다. 음식물쓰레기의 바이오가스화 같은 경우에는 음식물수입의 의존도가 크기에 그것을 퇴비화할 경우 땅의 영양소공급이 지나치게 많아질 수도 있다. 적어도 사료화 등 여러 가지 다른 사업과 연계하면서 바이오가스로 에너지생산을 목적으로 할 경우 바이오가스 공정 후 남은 찌꺼기의 퇴비화 즉 그 퇴비를 받아들일 수 있는 지역의 땅과 유기물을 함께 고려해야 한다.

두 번째로 중요한 것이 미생물에 대한 이해이다. 원료를 넣고 O_2를 차단하면 자연적으로 알아서 바이오가스가 생산이 된다고 쉽게 생각할 수 있다. 그러나 그렇지가 않다. 바이오가스 생산공정의 핵심 원동력은 사람이 아니라 미생물이다. 미생물이 바이오가스를 생산해내기 위해 일을 하는 것이다. 바이오가스 생산공정에 작용하는 미생물의 종류와 특성은 매우 다양하다. 어느 학자에 의하면 우리는 이들 미생물의 5%도 이해하고 있지 못하고 있다고 이야기하고 있다. 극단적으로 다시 말하면 우리는 바이오가스 생산공정을 5%도 이해하고 있지 못한다는 말이라고도 볼 수도 있다. 그래서 흔히들 이것을 놓고 블랙박스라고 이야기한다. 다양한 바이오가스 생산공정은 이 미생물들의 다양성에서 나오게 된다. 공정에 의해 미생물의 종류가 결정되는 것이 아니라 미생물의 종류와 성격에 의해 공정의 종류가 결정된다고 본다. 왜냐하면 미생물이 바이오가스 생산의 주체가 되기 때문이다. 일반적으로 사업의 주체들은 전기에너지가 얼마나 생산이 되고 그것으로 인해 돈이 얼마가 되는지만 염두에 둔다. 그러나 그들은 자주 미생물을 놓친 공정과정 속에서는 나오는 실수와 그 실수로 인한 손해가 얼마나 큰지에 대해서는 가볍게 놓치고 넘어가는 과오를 범하게 된다. 무조건 바이오매스를 집어넣으면 가스가 나오는 것이 아니다. 생산의 주체인 박테리아의 생태에 맞게 그리고, 그들의 필요를 채워주는 것이 전제가 되는 것이다.

셋째로 중요한 것이 바이오가스가 생성될 수 있는 환경조건이다. 바이오가스가 생성될 수 있는 자연적 조건이 형성이 되면 바이오가스가 생성이 된다고 보면 된다. 즉 온도가 적절히 유지되고 O_2가 없는 혐기성 상태와 pH값, 미네랄영양소, 박테리아 성장에 유해가 되는 물질이 없어야 한다는 등의 조건이 맞아야 한다. 이것을 인위적으로 만들고 유지하려는 것이 바이오가스플랜트이다. 즉 공간을 만들어 가스가 생성되는 것을 저장하고 혐기 소화조를 만들어서 박테리아가 성장할 수 있는 혐기성조건을 인위적으로 만든다. 펌프를 이용해 원료를 주입하고 그 양만큼 소화액을 빼내는 것이다. 이러한 환경을 만들다 보니 여러 가지 없었던 문제가 야기될 수 있다. 즉 가스를 모으고 저장한다는 것은 폭발위험이 있다는 것이고 혐기 소화조를 만들려면 벽면의 산화부식되는 것을 신경 써야 하고 적절한 온도를 유지해야 하고 또한 주기적으로 원료를 주입해야 하고 교반해야 한다. 배관을 연결하고 온도를 높이고 또한 유지해야 한다. 원료를 이동하는 데서 많은 기술적 문제들이 야기될 수 있는 것이다. 미네랄 등이 부족하면 미네랄을 투입해야 한다. 여기서 기술적인 노하우가 필요하다. 자연환경에서 제일 쉬운 것이 바이오가스 생성인데, 인위적으로 만들어내려면 할 일이 많아진다. 이때 유기물과 미생물에 적합한 한국형 기술개발이 요구된다. 즉 쓰이는 원료와 생산되는 가스와 소화액처리에 적합하고 그 지역과 농가 형태에 적합한 기술개발이 필요하다. 기술개발에는 다음의 세 가지가 고려되어야 하는데, 즉 저렴하고 효과적이고 내구성이 있어야 한다는 것이다.

바이오가스 생산공정의 기본적 이해를 돕기 위해 독일의 많은 자료를 가지고 글을 쓰게 되었다. 여러 사실적인 자료는 번역에 의존했고 여기에 저자의 의견을 첨가했다. 전문 번역가가 아니기에 많은 실수나 부족한 점이 있을 것이다. 또한, 이곳저곳에서 여러 자료를 얻다보니 경우에 따라 서로 조건이 다를 수 있고 배경이 다를 수 있다는 점에 대해 사전에 양해를 부탁한다. 완벽한 책이기보다 기본적인 이해를 조금 돕기 위한 목적으로 쓰인 것이므로 허술한 구성이 될 수 있다. 글의 첫 부분에는 전반적인 바이오가스 개요에 대해 설명했고, 그 다음으로 바이오가스 사업의 진행방법, 바이오에너지 마을, 음식물쓰레기 소화, 바이오가스 경제성, 바이오가스플랜트의 기술적 취약점, 바이오가스플랜트의 안전규칙 및 관련 시설, 바이오가스 에너지작물 및 소화액, 그리고 마지막으로 기본적인 공정 분석방법 및 파라미터들에 대해 서술했다. 이 글이 바이오가스 마스터플랜으로서 어느 정도의 역할을 하기를 기대하고 있고 바이오가스의 개요로서 바이오가스분야의 기초길잡이가 되기를 희망한다. 또한 농업이나 환경 관련 전문인, 플랜트운영자나 설계자 또는 관련 공무원들과 학자들이 손쉽게 찾아 참고할 수 있는 글이 되었으면 한다. 상세하고 학문적인 글이라기보다 간단한 소개서로서 바이오가스를 실제적으로 이해하고 그 사업을 추진하는 데 조금이나마 도움이 되기를 바라고 한국에서 바이오가스의 부흥이 일어나기를 기대해본다.

이 글은 저자가 독일의 BIGATEC 회사와 DBFZ 연구소 그리고 HAW-Hamburg 대학에 있으면서 한경대 바이오가스연구센터 김창현 교수님, 윤영만 박사님과의 공동연구와 교류 속에서 시작되었다고 볼 수 있다. 한국의 여러 전문가들과의 만남과 정보교환도 도움이 되었다. 사적으로 또는 공적으로 정보를 주고받고, 오고 가면서 한국의 바이오가스 상황을 독일의 시점에서 재검토해보고 앞으로 한국의 바이오가스산업이 형성되고 발전되는 데 도움이 됐으면 하는 바람에서 쓰게 된 것이다. 여러 가지 토론 속에서 많은 조언을 해주신 김창현 교수님과 윤영만 박사님께 감사를 드리고 특히 바쁘신 와중에서도 기꺼이 이 글을 감수해주신 김창현 교수님께 감사드린다.

독일 함부르크에서

김용성

저자는 독일에서 바이오테크놀로지를 공부하면서 자연스럽게 바이오 가스를 접하게 되었다. 처음엔 빛을 스스로 반사하는(auto-fluorescence) 메탄박테리아에 대해 들으면서 거기에 대한 호기심이 시작되었다. 함부르크에서의 나의 지도교수는 메탄박테리아에 대해 설명하면서 다음과 같이 이야기했던 적이 있다. '메탄박테리아는 공기도 없고 빛도 없는 냄새나는 돼지분뇨 속이나 슬러지 속에서 가장 편안하게 잘 자란다. 그리고 섭취한 에너지를 자신을 위해서 3% 정도 쓰고 나머지는 우리 인간을 위해 CH_4을 생산한다. 우리는 그 CH_4을 에너지로 이용할 수 있다.' 이런 이야기를 들으면서 참 재미있다고 생각했다. 지도교수가 박테리아를 의인화해서 설명한 것도 그랬지만 그 메탄박테리아 자체도 참 신기하기도 했다. 당시 메탄박테리아가 참 헌신적이고 대단한 능력을 가졌다고 느껴진 것이다. 거기다 우리 사람하고는 정반대의 상황에서 편안하게 잘 자란다고 하니 말이다. 그 어둠 속에 있는 메탄박테리아에 420나노미터 파장의 빛을 비추면 녹색 빛을 반사한다. 수많은 박테리아(아마도 300종류 이상)가 그 슬러지 속에서 공존하지만 거의 유일하게 메탄박테리아가 그 빛을 반사하는 것이다. 그래

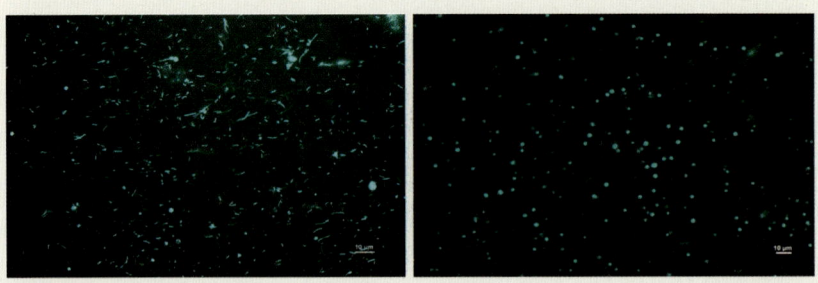

어둠 속에서 빛을 반사하는 메탄박테리아　　　나의 지도교수가 보낸 크리스마스카드

서 다른 박테리아와 메탄생성미생물과 쉽게 구별할 수 있다. 그 사진을 보게 되면 배경은 다 어둡고 여러 모습의 메탄박테리아만 녹색 빛을 반사하고 있다. 마치 우주의 별들이 빛을 내고 있는 모습과 흡사하다.

한번은 나의 지도교수가 크리스마스카드를 보냈다. 열어보니 크리스마스트리 같기도 하고, 우주의 별들 같기도 했다. 자세히 보니 자신이 키우고 있는 메탄박테리아의 사진을 크리스마스카드로 보낸 것이다. 보기에 나쁘지 않았다. 이 분을 통해 나의 바이오가스 이야기는 시작되었다. 그러면서 독일에서의 삶이 약 10여 년이 되어가고 있다. 약 10여 년의 독일생활 그 가운데 독일의 대학과 연구소와 회사를 거치면서 겪은 바이오가스 이야기를 정리해보고 싶었다.

독일 그리고 독일 사람하면 무엇이 먼저 떠오를까? 여러 가지 있겠지만 저자가 경험하기로는 물론 단점도 있겠지만 장점들을 고르라면 규칙, 정직, 성실, 절약, 합리 등이라고 요약할 수 있겠다. 말로만 듣던 것들을 실제로 보고 들으면서 많은 것을 보고 느낀 것이다. 물론 문화의 차이도 있고 어떤 문화가 더 낫다라고 평가하기 쉽진 않지만 개인적으로 많이 배우고 싶은 부분들이 많았던 것도 사실이다. 독일에는 무슨 규칙이 이렇게 많은지 모르겠다. 그리고 매사에 정직하고 직선적이다. 그리고 자신의 일에 근면하고 성실하다. 대강이란 단어가 안 통한다. 매사에 정직과 합리가 있어야 한다. 여기선 에너지에 관련되어 있으니 그 예를 한번 들어보기로 하겠다. 독일에 처음 왔을 때 1년간 독일할머니와 같이 살게 되었다. 물과 전기를 절약하는 데 혀를 내두를 정도였다. 매일 텔레비전을 본 후에 코드를 다 뽑고 설거지를 할 때는 한 번 받은 물로 여러 번을 쓴다. 일반적으로 독일인들은 자동차를 구입할 때도 중소형의 필요하고 실용적인 것을 구입한다. 돈이 없어서가 아니다. 이런 것들이 모두 에너지와 환경과 관련이 있다. 깨끗한 에너지를 생산하는 것도 중요하지만 그것은 두 번째이고 에너지를 의식적으로 절약하는 태도가 첫 번째이다. 이런 의식 가운데 환경친화적인 대체에너지를 만들어 간다고 정부가 시도했을 때 그들은 의식적으로 그 제도에 따라가기 시작했다. 기존의 화석에너지와 원자력 에너지에 의존했던 것을 환경친화적 대체에너지로 바꾼다는 것은 그만큼 희생이 따른다. 물론 결국은 그 경제적 부담을 책임지는 것은 국민들인 것이다. 그들은 당장의 편의와 필요보다 전체적인 합리와 정직을 선택한 것이다. 저자는 그런 독일인들의 선택이 이제는 이해가 조금 된다. 단적인 예로 옆에 책상에 어떤 물건이 놓여 있으면 그 다음날 와도 그 자리에 놓여 있다. 내 것이 아니니 가져가지 않는 것이다. 누가 보든 안 보든 하나같이 에너지를 절약한다. 대강보다는 아무리 시간이 걸리더라도 정도와 합리를 선택한다. 예를 들어 많은 독일의 대학생들이 오랫동안 대학에서 공부를 한다. 물론 여러 가지 이유가 있겠지만 그 이유의 하나가 읽어야 할 책을 끝까지 이해될 때까지 읽는 것이다. 다 안 읽었으면 다음 학기로 넘어가서 읽는다. 기초를 단단히 쌓는 것이다. 대체에너지로 가는 길이 당장엔 어렵고 힘들겠지만 그 길이 옳고 합리적이라면 그 방향으로 가는 것이다. 재생에너지법(EEG : Erneuerbare-Energie-Gesetz)이라는 새로운 법 시행과 함께 지금 독일은 세계에서 앞서가는 재생에너지 국가로 자리매김하고 있다. 저자는 이 책을 통해 한국의 바이오에너지정책도 장기적으로 일관되게 세워지기를 기대하고 희망한다.

본론에 들어가기 전에 한 가지 더 짚고 넘어가고 싶은 것이 있다. 왜 독일의 기술이 세계적으로 인정을 받는 것일까? 바이오에너지와 바이오가스 기술을 말하기 이전에 이것을 먼저 잠깐 언급하고 싶다. 저자는 함부르크의 응용과학대학(Fachhochschule)에서 공부를 했는데 그 입학 또는 학위 조건 중의 하나가 기술실습이다. 쇠를 깎고 닦는 실습, 전기관련 실습 그리고 전공 관련실습이다. 저자도 5주간 독일의 회사에서 하루 종일 쇠를 자르고 다듬고 손질하는 실습을 했다. 남학생, 여학생 구분 없이 이것들을 다한다. 그리고 공사장에 가서 전선을 설치하는 실습을 했고 전공 관련 회사에 가서 기초실습을 했다. 기술기초체험을 중요시 한다. 저자는 독일에서의 대부분의 삶을 우연찮게도 독일인의 집에서 또는 독일인들과 보내게 되었다. 거의 모든 독일 가정에는 공구실이 있다. 대부분 스스로 만들고 고치는 것을 즐겨 한다. 그 공구실에 가보면 작은 공구들이 잘 정돈되어 있고 기름칠되어 있다. 한국에는 동네마다 작은 철물점이 있지만 독일에서는 각각의 종류들의 부품들과 공구와 기계들을 파는 큰 체인점들이 많이 있다. 거기에 가보면 없는 것들이 없다. 기초 인프라와 그러한 문화가 잘 형성되어 있다. 어렸을 때부터 스스로 만들고 고치고 보존하는 훈련이 잘 되어 있다. 한국에서는 이사를 하면 전기서부터 모든 것이 대부분 다 되어 있지만 독일에서는 페인트칠, 수리, 전기(조명기구), 가구 등 거의 모든 것을 스스로 다 해야 한다. 그래서 거기에 필요한 장비들이 집집마다 잘 정리되어 있는 것을 볼 수 있다. 이런 것들이 독일에서의 에너지 자립마을, 그리고 지역의 중소기업 활성화와 무관하지가 않다고 본다. 스스로 하고 자립을 원한다는 그 자체 행위에서 많은 것을 배우기도 하고 얻기도 한다. 그 무엇보다 지역의 장인들이 나오게 되고 또한 그것을 존중하는 의식과 제도가 형성되게 된다. 그 경험을 가치 있게 산다. 이 책에서 또한 강조되는 것이 기술에 대한 선택 및 수리에 관한 내용이다. 플랜트 및 기술 관련에 있어서 구매보다 더 중요한 것이 운영, 수리 및 관리에 대한 책임의식이다. 이런 부분에서 독일인들의 인상이 저자의 기억 속에 많이 남아 있다.

마지막으로 독일에 있다 보면 한국시장에 관심 있는 외국기업들을 종종 만나곤 했다. 바이오가스 관련 십여 개 이상의 외국회사들이 한국 지방자치단체나 기업들과 사업을 시도했었다. 어떤 독일의 큰 회사는 조그만 사무실을 서울에 차리기도 했었다. 그러나 5~6년이 지나고 이제는 저자가 알기로는 바이오가스 관련 거의 모든 외국기업들이 다 빠져나갔고 한국에 대한 관심을 끊기 시작했다. 한마디로 실패한 것이다. 요즘 들어 몇몇 기업들과 만나 이야기를 해 봐도 더 이상 한국에 관심이 없다고 말을 한다.

동유럽과 남유럽에 초점을 맞춘다. 그 이유가 여러 가지 있겠지만 가장 큰 것이 경제성 문제일 것이다. 그만큼 한국에 바이오가스 시장이 형성이 안 되어 있는 것이다. 또한 정부의 일관되지 않은 정책과 지원 부족을 들 수 있을 것이다. 한국 쪽에서 이젠 관심을 보여도 외국기업들이 속지 않는다는 것이다. 물론 한국기업들이 스스로 할 수 있는 능력이 없다는 것은 아닐 것이다. 그러나 외국기업들이 하나같이 하는 말이 한국시장은 외국기업의 노하우를 사는 데 주저하고 결국은 투자를 하지 않는다는 것이다. 독일의 경우 지난 20여 년 동안 7,000개 이상의 주로 농가형 바이오가스플랜트를 건설하면서 많은 시행착오를 겪었다. 아무리 완벽하게 하려 한다 해도 시행착오를 겪을 수밖에 없다. 지금은 어느 정도 바이오가스시장이 형성되었다고 볼 수 있고 지금도 정부의 지원으로 다양한 연구가 대학과 기업과 연구소에서 많이 진행되고 있다. 이러한 시간과 돈이 투자된 노하우를 한국이 정직하게 바라보고 얻으려는 자세를 갖는다면 바이오가스의 국제화에도 도움이 되지 않을까 하는 바람을 가져 본다.

바이오가스플랜트와 농장의 조화가 그렇게 나쁘게 보이지 않는다.

바이오가스 개요

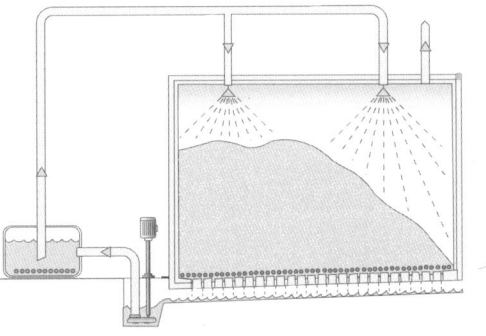

BIOGAS MASTERPLAN

바이오가스 개요

1. 대체에너지

온실 가스 증가와 화석연료의 고갈은 전 세계적 환경과 에너지문제로 대두되고 있다. 환경오염문제도 문제지만 온실가스로 인해 지구의 온도가 올라가면서 생겨날 수 있는 생태계의 변화, 사막화, 동식물의 멸종문제 등 그 재앙은 점점 더 클 수 있다고 한다. 특히 온실가스인 CO_2의 온실가스 영향력의 20배가 넘는 CH_4의 대기방출은 심각한 문제로 대두되고 있다. 즉 바다와 습지에서 그리고 가축분뇨에서 생산되는 CH_4의 대기로의 방출문제이다. 그래서 이 CH_4을 그대로 방출시키는 것이 아니라 될 수 있는 한 에너지로 이용해야 한다는 목소리가 커져가고 있다. 더불어 원자력에너지의 안전성 문제가 대두되고 고갈되는 화석에너지, 유가상승 등의 문제로 세계 각국은 대체에너지를 찾아 고심하고 있다. 환경친화성과 지속성이라는 측면에서 원자력에너지는 재생에너지가 아니며 독일에서는 현재 약 11% 정도의 에너지공급을 차지하고 있는 원자력에너지를 점차적으로 줄여서 2022년까지 완전

폐기하는 법안을 2011년 6월에 통과시켰다. 일본도 2012년 들어 후쿠시마원전사고 이후 4기를 4월에 폐지했고 정기점검이유로 5월 들어 나머지 50기의 원전가동을 중지시켰다고 한다. 원자력발전소의 전기를 이용하지 않겠다는 의지이다. 이러한 배경하에 환경친화적이면서도 지속가능한 재생에너지가 크게 부각되고 있다. 유럽연합은 2020년까지 온실가스 배출의 20% 감소, 에너지 효율증가로 인한 20% 에너지소비 감소, 재생에너지로 20% 에너지소비 대체와 같은 세 가지 목표를 설정했다. 독일도 2020년까지 적어도 35%의 전기공급, 14%의 열공급, 10%의 연료를 재생에너지로 대체하며 1990년 기준으로 온실가스 배출을 40% 줄이겠다는 목표를 두고 있다. 2010년 독일에서는 재생에너지 생산량을 275.4TWh로 기록하고 있는데 그중 71%가 바이오에너지(바이오매스전기 12.1%, 바이오매스열 46.1% 그리고 바이오연료 13%)에서 나오고 있다. 그 외의 재생에너지로 13.3%가 풍력, 6.3%가 태양력, 7.2%가 수력이며 2%가 지열이다.

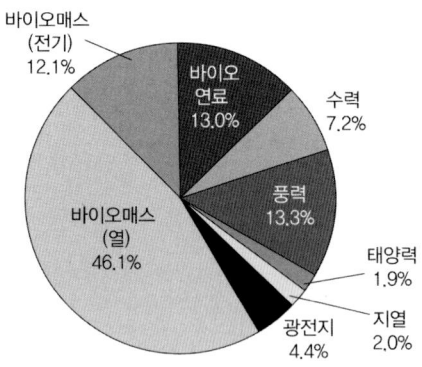

그림 1-1 2010년 독일의 재생에너지

2010년 독일의 총 재생에너지는 275.4TWh이며, 그 중 바이오에너지(바이오매스와 바이오연료 포함)가 약 71%를 차지하고 있다.

CO_2 중립적이며 저장이 가능하고 필요에 따라 공급조절이 가능한 바이오에너지의 중요성은 앞으로 더욱더 커질 것으로 전망되고 있다. 온실가스감축과 환경보호 및 효율 측면에서 바이오매스 중 나무 및 짚과 더불어 에너지곡물이 차세대 에너지로서의 가치는 점점 커지고 있다. 매년 계속 생산이 가능한 에너지곡물을 식량뿐만 아니라 에너지자원으로 사용한다는 개념이 등장하면서 그것에 맞는 곡물개발, 재배방법개발, 수확방법개발, 에너지곡물시장 등의 새로운 개념이 등장하고, 경제구조가 형성되고 있다. 기존의 농업이 이제는 식량공급 시스템에만 책임지는 것이 아니라 한 나라의 에너지 공급 시스템까지 책임진다는 개념이 등장하게 되면서 이제는 농부에서 에너지농부라는 발전된 새로운 직업의 개념이 생기게 되었다. 식량공급 및 확보라는 관점에서 비판적인 의견이 있지만 오히려 에너지작물이 기존의 식량확보를 위협하는 것이 아니라 농업의 식량시스템과 에너지시스템의 공동조화라는 경제구조가 생기면서 오히려 이 개념은 확산되고 있다. 실제로 침체화된 지역농업이 지역의 에너지자립화로 인해 다시 살아나는 현실이 보여지고 있다. 자세한 이야기는 4장의 '1. 바이오가스 에너지작물'에서 다루기로 하겠다.

2. 독일의 바이오가스

독일은 2001년 바이오가스플랜트가 1,360여 개(111MW$_{el}$, 111메가와트, 전기에너지)이던 것이 2011년에는 7,000여 개(2728MW$_{el}$) 이상으로 늘어났다. 이러한 발전은 특히 재생에너지법이 2004년과 2009년 두 번 개정되면서 이루어졌다. 재생에너지에 속하며 바이오매스로부

그림 1-2 바이오가스플랜트와 가축분뇨처리

터 얻어지는 바이오가스는 바이오에너지 중에서도 특히 중요한 역할을 하고 있다. 바이오가스는 전기와 열을 동시에 생산이 가능하고 또한 자동차연료로도 사용되며 천연가스의 대체로도 가능하기 때문이다. 또한 풍력이나 태양력의 전기에너지와는 다르게 바이오가스는 저장이 가능하고 필요에 따라 공급이 가능하다. 날씨, 계절 및 시간 변동과 관계없이 안전한 생산과 공급이 가능하다는 장점을 가지고 있다. 기존 화석에너지(석유, 석탄, 천연가스)의 제한된 저장량과 생산장소를 뛰어넘어 어디든지 계속적으로 생산이 가능한 것이 바이오가스이다.

특히 가축분뇨, 음식물쓰레기와 산업 및 도시폐기물에서의 바이오가스 생산은 매우 주목을 받고 있다. 이것은 폐기물량 감소, 환경보호 측면에서 폐기물 처리, 폐기물 리사이클 등의 개념으로 발전되다가 이제는 폐기물에서의 에너지 생산이라는 더 적극적 개념으로 발전하게 되었다. 그러나 폐기물의 재이용면에서 장점이 있지만 화석에너지대체라는 큰 그림 속에서 바이오가스 생산량은 한계를 보이고 있다. 또한 불순물과 위생적 문제 등의 안전성 측면에서 음식물쓰레기 특히 도시폐기물의 비료이용은 주의를 요하는 한계를 지니고 있다. 즉 반드시 처리되어야 하는 유기성 폐기물에서 에너지를 생산한다는 점에서 바이오가스는 매우 바람직하지만(이 사업은 계속 진행되어야 하지만), 화석에너지 대체라는 큰 목적을 달성하기에는 부족한 점이 있다.

이러한 한계를 극복하기 위해 에너지곡물 이용이 주목을 받고 있다. C(탄소) 및 영양소의 자연순환 즉, 공기 중의 CO_2를 받아들인 곡물을 에너지화함과 동시에 남은 소화액을 다시 비료로 사용함으로써 영양소의 자연순환이 가능하다. 동시에 화학비료의 이용이 필요하지 않는 큰 장점이 있다. 식량이 위협받지 않는 전제조건하에서 그 지역에 맞는 에너지곡물을 개발할 수 있다면 대체에너지로서 바이오에너지개발의 시작조건이 될 수 있는 것이다.

3. 재생에너지

재생에너지자원(바이오매스, 풍력, 태양력, 수력, 지열 등)의 장점은 환경친화성과 지속이용가능성에 있다. 이를 고려하지 않고는 에너지 생산과 이용을 논의할 수 없을 만큼 이 두 가지 가치는 현재 매우 중요한 위치를 차지하고 있다. 가축분뇨를 제외한 유기성쓰레기는 환경친화성과 지속이용가능성이라는 두 가지 조건에 맞추어지기 어려운 점이 있다. 즉 재생에너지의 하나로 보기가 힘들다는 점이다. 가축분뇨인 경우도 가축사료의 수입의존도, 가축분뇨의 비료로서의 이용 가능한 땅의 면적 등을 고려해서 그 조건을 충당해야만이 그 재생가치가 인정이 된다. 마찬가지로 환경친화성과 지속이용가능성 면에서 볼 때 원자력에너지도 재생에너지가 아니다. 매년 새롭게 자라기 때문에 바이오매스도 재생에너지소스에 속하는데 다섯 가지 재생에너지자원 중 유일하게 바이오매스만이 생산량과 원료종류의 조절이 가능하다. 그 생산과 이용의 다양성이 장점이라고 할 수 있다. 양적으로 풍부하고 그 수확량의 안전성이 보장되는 경제적 측면뿐만 아니라 생태 및 환경적 영향을 동시에 고려하는 것이 재생에너지가 지속할 수 있는 조건의 주요특징이라 볼 수 있겠다. 여기에 일자리 창출과 지역경제 그리고 지역사회건강에 기여하는 사회성도 지속성의 중요한 요소라 할 수 있다. 만약 경제성이 있다 해도 지역사회건강과 자연환경을 해치는 것이라면 다시 고려해야 한다는 것이다. 독일 정부는 여기에 가치를 두고 기준을 두어 연구 및 기술개발에 지원을 해주고 있다. 예를 들면 특정 에너지자원의 생산과 이용이 어느 정도 온실가스감소에 영향을 미치는지(kg CO_2-equiv./KWh_{el}), 생태계(다양성)에 어떤 영향을 미치는지 그리고 효율성을 향상시키는지에 초점을 두고 정부가 지원을 하고 있다. 독일의 경우, 분뇨 30%와 에너지곡물 70%를 원료로 이용하여 바이오가스를 생산했을 경우(ca. 0.35kg CO_2-equiv./KWh_{el}) 일반적인 방법을 이용한 전기생산(0.7kg CO_2-equiv./KWh_{el})보다 약 50% 온실가스감소효과를 보이고 있다. 100% 에너지곡물만을 원료로 했을 경우에는 약 0.44kg CO_2-equiv./KWh_{el} 그리고 40% 에너지곡물과 60% 분뇨를 원료로 했을 경우에는 더 많은 감소효과, 즉 약 0.04kg CO_2-equiv./KWh_{el}를 나타내고 있다. 분뇨를 그냥 방치했을 경우 방출되는 CH_4의 환경영향은 CO_2보다 20배 이상으로 부정적임을 알 수 있다. 또한 바이오가스 생산과정

속에서 냄새를 내는 유기물도 분해되기 때문에 냄새도 줄게 되는 효과
가 있다. 분뇨의 바이오가스처리는 여러 가지 긍정적인 효과를 얻게
된다. 바이오가스산업을 통해 지역에너지자립, 농경제의 새로운 패러
다임, 농촌의 일자리 창출, 환경친화적인 에너지생산, 비료생산, 쓰레
기재활용 등 다방면의 효과를 기대할 수 있다.

4. 한국의 바이오가스

한국에는 2011년도 기준으로 약 50여 개의 바이오가스플랜트가 있다.
연구용, 산업용 목적 등으로 다양하게 설계되었다. 그러나 원료의 지
속적인 공급문제, 기술적인 문제, 관리수리 문제, 노하우 부족 등의 많
은 문제를 나타내고 있다. 특히 현재의 조건으로는 경제성이 없다는
사실이 한국의 바이오가스산업의 부흥을 가로막고 있다. 그동안 한국
내 바이오가스 기술 적용은 주로 선진국의 기술수입에 초점을 맞추어
왔다. 전체적인 큰 그림 속에서 바이오가스를 보지 못하고 단순한 슬
러지 감량화 및 폐기물 재활용에 초점을 맞추다 보니 크고 작은 경제
적·기술적 문제가 야기되었다. 화석에너지에 대한 대체에너지로서 또
환경친화성과 지속성면에서의 재생에너지로서 바이오가스를 보아야
올바른 접근이 가능하다. 바이오가스는 하나의 자연현상으로 자연의
바이오매스로부터 미생물을 통해 생산이 되고 찌꺼기는 흙으로 돌아
가게 되어 있다. 완전한 회전이 이루어지면 남는 것이 없는 자연시스
템이다. 한국은 한국형 바이오가스 기술개발이 급한 것이 아니라 한국
형 에너지작물의 개발이 시급하다. 그래야 위에서 언급된 완전한 영양
소 사이클이 가능하고 대체에너지로서 또한 재생에너지로서의 바이오

그림 1-3 소화액의 건조 및 펠렛화

가스이용이 가능해진다. 그렇게 될 때 깨끗한 에너지가 생산된다. 유기성 폐기물만 가지고는 에너지수요를 충당할 수 없다. 다양한 에너지 목적용 작물개발이 중요하며 이와 더불어 그것에 따른 재배 및 수확방법(기술개발), 그것에 맞는 바이오가스기술개발, 그리고 소화액의 비료화기술개발(건조 및 펠렛화) 또한 중요하다.

기술에 따른 N(질소), P(인), K(칼륨)의 영양소 조절도 가능하다. 독일에서는 에너지곡물시장뿐만 아니라 소화액으로 만든 비료시장도 형성이 되었다. 이렇게 되면 수입에 의존된 값비싼 화학비료가 필요하지 않게 된다. 이를 실현시키기 위해서는 정부와 기업과 소비자의 협력이 필요하다. 한국은 약 16% 에너지를 원자력에너지에서 그리고 나머지 대부분을 화석에너지에 의존하고 있다. 특히 정부의 화석에너지와 원자력에너지를 대체할 뚜렷한 환경친화적, 재생적 에너지생산이라는 장기적 정책방향 확립이 바이오가스산업 성패의 중요한 키가 될 수 있다고 본다. 여기에는 국회의원 등 한국 정치인들의 자각과 의지 있는 법개발과 추진이 필요하다고 본다.

특히 외국의 지식이나 기술을 한국에 도입할 때 주의해야 될 것들이 있다. 이 책은 주로 독일에서의 자료를 바탕으로 하고 있기 때문에 여기의 내용을 한국에 적용하려 할 때는 다음과 같은 내용을 고려해야 한다. 예를 들면, 한국의 지형과 기후, 원료의 열처리(위생문제), 식량 확보, 영양소 사이클, 지역 기술, 사회반응, 환경성(생물학적 다양성), 지역경제(시장, 수요), 정책(행정), 법규정, 연구개발(대학 및 연구기관) 등이다(Kim et al., 2012 참조). 즉 결국은 그 지역의 환경 안에서 그 주민이 주체가 되어 지속적으로 이 기술을 도입하고 진행시킬 수 있는 경제적·정책적·법적·기술적 여건을 마련하는 것(지역화, 토착화)이 무엇보다 중요하다. 이런 가운데 새로운 일자리 창출 및 시장형성이 가능하다. 이것을 위한 지역의 대학과 산업체와 연계하여 계속적인 지역적 바이오가스 문화를 형성, 개발하는 것이 필요하다. 그렇게 함으로써 환경친화적인 식량 및 에너지의 지역적 자립을 어느 정도 도달할 수 있을 것으로 본다.

5. 바이오가스 타당성조사

바이오가스산업을 접할 때 몇 가지 먼저 고려해야 할 사항이 있다. 그 첫째가 기존의 농업(농업관계자)과의 관계이다. 농경지 면적, 구조 및 활용가능성, 식량시스템, 농경제 구조, 농기계 등 농업에서의 가능성 및 타당성을 살펴보아야 한다. 독일에서는 2020년 농업에서 나오는 바이오가스 원료가 에너지 생산율 측면에서 볼 때 에너지작물 67.2%(338PJ/년), 농업부산물 및 분뇨 20.9%(105PJ/년) 포함해서 88.1%를 예상하고 있다. 산업 부산물에서 2.6% 그리고 남은 9.3%은 도시폐기물이다. 이만큼 독일에서 바이오가스산업 가운데 농업의 위치는 중요하다.

많은 사람이 우려하는 바와 같이 바이오가스산업은 식량시스템을

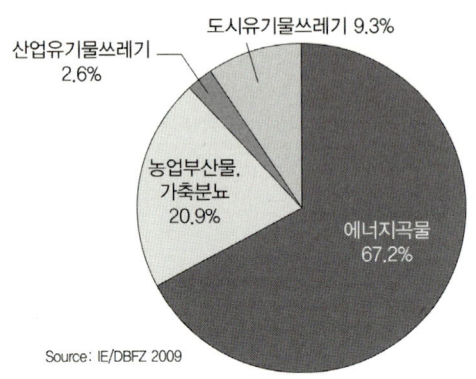

도시유기물쓰레기 9.3%

산업유기물쓰레기
2.6%

농업부산물.
가축분뇨
20.9%

에너지곡물
67.2%

Source: IE/DBFZ 2009

그림 1-4 2020년 바이오가스 예상 원료와 에너지(503PJ/y)

독일에서는 2020년에 약 90%에 가까운 바이오가스의 원료가 농어촌에서 충당될 것으로 보고 있고 그 중 에너지곡물이 약 67%를 차지할 것으로 예상하고 있다. 지난 2010년 독일에서의 조사결과로는 가축분뇨 45%, 에너지곡물 46%, 음식물쓰레기 7%, 산업유기물쓰레기 2%가 바이오가스원료로 사용되었다고 한다(DBFZ, 2010).

위협하는 것이 아니다. 바이오가스산업은 식량시스템과 함께 하는 것이고 협력하는 시스템이 된다. 원래 바이오가스는 자연적으로 기존의 식량시스템과 조화를 이루어 왔고 자연적 사이클 가운데 이루어지는 자연의 일부였다. 한정된 곡물과 재배지를 놓고 식량인가 연료인가 하는 논쟁은 지금까지 끊임이 없다. 유럽에서 일부 곡물이 남아돈다고 해서 그것을 아프리카 어느 나라에 식량으로 싸게 파는 것이 대수가 아니다. 가격경쟁으로 인해 그 지역의 자체시장이 위축이 될 수 있다. 또 고려해야 할 것이 식량용 바이오매스와 비식량용 바이오매스다. 즉 먹을 수 없는 바이오매스가 있는데 이것은 아프리카에 많이 존재한다. 그러나 아프리카에서는 그것을 처리 할 기술과 자금이 없다. 반대로 실제적으로 많은 곡물들이 제3세계에서 유럽으로 식량이 아닌 연료로 수입되고 있다. 그러면 그 제3세계 식량시장은 어떻게 되겠는가? 쉬운 문제가 아니다. 중요한 것은 그 지역사정, 즉 그 지역 농업의 식량 및 연료자립화에 초점을 두고 모든 것을 검토해야 된다는 사실이다. 농업이 중요하다고 하면서 농업이 침체되어 있는 것이 현실이다. 현대사회에서 그것의 경제성과 중요성을 잃어가고 있기 때문이다. 농업이 에너지생산의 중심이 되고 동시에 식량생산의 중심이 된다면 농업이 다시 활기를 찾게 될 가능성이 있다. 농부가 농부인 동시에 에너지공급자가 되는 것이다. 그래서 첫 번째 고려할 사항이 농업 가운데 기존의 식량시스템과 에너지시스템을 위한 타협점을 찾는 것이다. 예를 들면 농업에서 필요한 경제와 농장에 필요한 열(난방 또는 냉방)과 전기 그리고 비료를 바이오가스플랜트를 통해서 얻고 반대로 농업은 바이오가스플랜트에 땅과 원료를 제공하는 것이다. 원료도 여러 가지가 있다. 식량용 원료가 있는가 하면 애초에 땅 사정 등 여러 가지 이유로 에너지용 원료가 있다. 이러한 지역에 맞는 농산물의 효과적 이용이 필요하다. 이러한 성공사례가 독일의 바이오가스 성공사례인 것이다. 두 번째는 그렇다면 어떤 원료가 바이오가스 원료로 가능한지 살펴보아야 한다. 즉 그중에서도 한국형 에너지곡물 개발이 바이오가스산업 지속의 중요요인이 된다. 이것은 농민과 정부의 협조하에 연구소와 대학에서 개발해야 된다고 본다. 즉 바이오가스산업은 농민이 중심이 되어 자발적으로 주도하여 일어나는 농민운동과 같아야 한다. 농민이 바이오가스 기술자가 되고 바이오가스 연구자가 되고 바이오가스 기술개발자가 되고 바이오가스 및 에너지 공급업자가 되는 것이다. 세 번째로 바이오가스플랜트에서 생산되는 전기, 열 그리고 가스를 어떻게 어디에 이용할 수 있는지에 대한 고려이다. 이러한 생산되는 에너지자원을 최대한 이용할 수 있는 대책을 세워야 한다. 네 번째로 이 에너지 이용계획과 더불어서 현존하는 지형과 기계, 원료탱크, 추수기계, 원료저장,

원료처리, 원료주입기계, 교반기, 펌프, 원료건조 등 기존의 기술과 방법들을(지역의 산업) 어떻게 최대한 이용하고 최적화할 것인가에 대한 고민이 필요하다. 여기에 필요한 에너지를 바이오가스플랜트에서 얻을 수 있는 것이다. 특히 계절이 변하면서 온도와 환경의 변화에 따라 에너지필요가 달라지기 때문에 환경변화와 계절을 고려한 에너지이용과 기술이용을 대비해야 한다. 예를 들면 겨울에는 열이용이 많지만 여름에는 열이용이 준다. 그래서 플랜트에서 남는 열을 겨울엔 난방으로 이용하고 여름에는 농장냉방이나 원료건조 등에 쓸 수 있다.

6. 바이오가스 이용

바이오가스는 그동안 전기에너지를 제공했을 뿐 아니라 가스나 열 형태로 주거지, 학교, 유치원, 수영장, 공장, 비닐하우스, 농장 등 녹색가

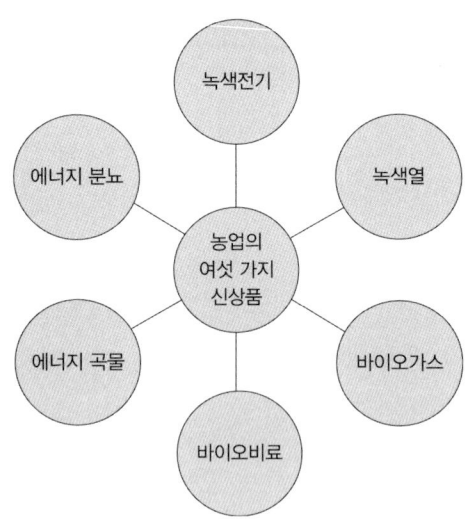

그림 1-5 바이오가스를 통한 농업의 여섯 가지 신상품
기존 농산품 외에 바이오가스를 통한 여섯 가지 신상품으로 농업의 경쟁력을 더 키울 수 있다.

스와 녹색열을 공급했다. 그 밖에 가스정제의 과정 이후 자동차연료로도 사용되었고 기존의 도시가스 배관을 통해 공급되기도 했다.

이처럼 바이오가스의 다양한 이용가능성으로 인해 에너지자립을 위한 바이오가스의 인기는 더해가고 있다. 즉, 지역 농장이나 농가에서 농산품뿐만 아니라 에너지곡물, 에너지분뇨, 녹색전기와 녹색열 그리고 바이오비료를 시장에 가져다 파는 일이 벌어질 수 있다. 위의 다섯 가지 신상품 활성화와 그에 따른 자발적 시장형성 및 활성화를 위해서 정부는 독일처럼(EEG) 경제적 지원법 및 환경보호차원에서 제도적 지원을 할 수 있을 것이다. 새로운 에너지시스템으로의 전환은 경비가 필요하다. 그것을 위한 경제적 보너스가 보상차원에서 지원된다면 그와 관련된 산업체들도 모이게 될 것이다. 자연히 필요한 기술들도 시장경쟁을 통해 개발이 될 것이다. 그 모든 것의 중심과 시작이 농업이며 앞으로도 그렇게 되어야 바이오가스산업이 대체에너지 및 재생에너지 공급자로서 올바로 정착할 수 있게 된다.

7. 바이오가스 기본 : 자연과 미생물

바이오가스를 접할 때 기술보다 늘 먼저 보아야 하는 것은 자연의 흐름이다. 만약에 바이오가스플랜트에 문제가 생겼다면 그것의 원료인 분뇨나 에너지작물의 처리에 문제가 클 수가 있다. 그렇다면 결국은 돼지나 소의 건강, 그리고 에너지작물의 건강에서부터 모든 것이 시작된다고 볼 수 있다. 또한 바이오가스플랜트의 주 원리는 기계나 사람의 동력으로 이루어지는 것이 아니라 미생물의 활동에 의지하고 있다. 즉 바이오가스 생산의 주 업무는 미생물을 통해 이루어지고 있다. 미

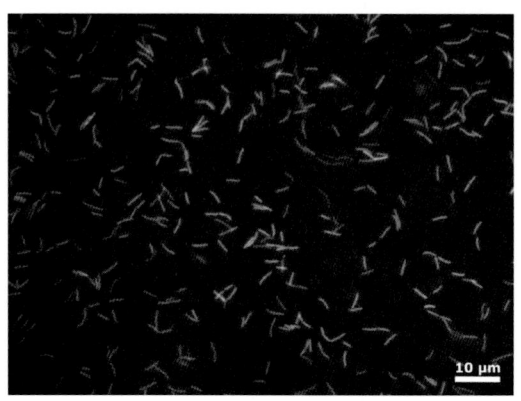

그림 1-6 막대 모양의 메탄박테리아와 보조효소 F420

자가형광(Autofluorescence)을 가지고 있는 메탄박테리아는 420나노미터 파장의 빛을 비추면 녹색 빛을 반사한다. 이 특이한 성질로 인해 다른 박테리아와 구별된다.

생물의 흐름을 환경의 변화에 따라 잘 관찰하는 것이 바이오가스 생산 공정의 시작이다. 이러한 자연의 흐름에 기술을 맞추는 것이 올바른 바이오가스의 접근법이다. 미생물 그룹의 핵심에는 메탄을 생산하는 미생물이다. 이 메탄생성미생물은 매우 특이한 성격을 가지고 있다. 0.5~10마이크로미터 크기의 매우 작은 이 미생물은 빛이 없는 어둠 속과 O2가 없는 혐기성 상태, 그리고 거기에 냄새가 많이 나는 분뇨 속에서 아주 편안하게 잘 자란다. 이들은 본능적으로 자신을 위해서는 (성장) 섭취한 에너지를 적게 쓰고(약 3%) 대부분의 에너지를 헌신적으로 CH_4을 생산하는 데 사용한다. 그래서 성장속도가 다른 박테리아에 비해 종류에 따라 10배 또는 100배 느리다. 또한 매우 특이하게 어둠 속에 있는 여러 혐기성미생물 중에 300~400나노미터의 빛을 비추면 F420라는 보조효소를 통해 거의 유일하게 녹색 빛을(fluorescent) 반사하는 기술을 가지고 있다. 이들은 자연계의 영양소 회전속에서 마지막 단계에 있다. 마지막 단계에서 남은 찌꺼기 중 주로 CO_2, H_2(수소), CH₄O(메탄올), CH₂O₂(개미산, formic acid) 또는 C₂H₄O₂(초산, acetic acid)을 섭취한 후 CH₄을 생산하는 데 사용하는 특별한 기술을 가지고 있다. 자연계에서 메탄생성효율은 에너지효율 측면에서 매우 높은 편에 속한다. 즉 자연적으로 발생되는 여러 현상 중에 메탄생성 과정은 그 효율이 높기 때문에 이것을 그대로 산업화시키려는 노력이 시작된 것이다. 이들은 다른 미생물과 공생을 한다. 에너지를 섭취하는 데 서로 없어서는 안 되는 밀접한 관계를 가진다.

그림 1-7은 단순화된 모형으로 여러 가지 가능한 소화의 길을 제시하고 있다. 그와 더불어 깁스 자유에너지(표준 기준 : 25도, 1bar, 1mol)를 숫자로 각 단계마다 표시해 놓았다. 즉 각 반응의 방향과 그 정도를

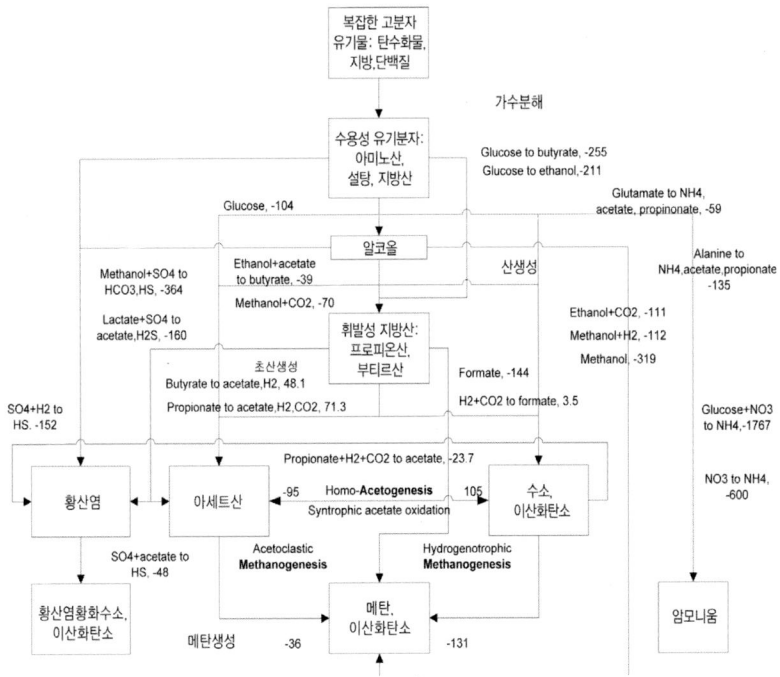

그림 1-7 혐기성 소화의 단계 [숫자 = $\Delta G°'$ (kJ/mol)]

설명하고 있다. 깁스 자유에너지에서는 마이너스일수록 그 반응에서 열이 많이 발생되고 그것을 주변에 공급하는, 즉 자연적으로 반응이 진행되는 정도가 높다는 것을 의미한다. 이 모형도는 완벽한 것은 아니다. 이것은 온도와 각각의 반응에 임하는 물질의 농도에 따라 크게 좌우되기 때문이다. 그래서 실제의 농도와 온도에 맞게 다시 계산되어져야 하고 또한 그것이 실험결과와 비교되어야 한다. 그러나 이 그림을 통해 혐기성 소화의 예상되는 길을 이해할 수 있다. 특히 지난 약 30여년간 지탱해 온 이론인 메탄생성의 70%가 $C_2H_4O_2$(아세트산, acetoclastic methanogenesis)에서 기인한다는 이론이 근래에 와서 무너졌다는 것을 주목해야 한다. 하수처리장에서는 이 이론이 적용가능하지만 수많은 농가형 바이오가스플랜트에서는 90% 이상이 H_2와 CO_2를 이용하는 메탄박테리아(즉 hydorgenotrophic methanogenesis)를 통해 메탄이 생산된다는 것이 증명되고 있다. 이 발견을 바탕으로 아마도 새로운 모형도가 나와야 하지 않을까 생각해본다.

주로 네 가지 단계로 설명이 되는데 가수분해(hydrolysis), 산생성(aciodgensis), 초산생성(acetogensis), 및 메탄생성(methanogensis) 단계이다. 각 단계에서 주로 활동하는 미생물이 다르다. 마지막 단계에서 생성되는 메탄(50~75%)이나 CO_2(25~45%), 물(2~7%), H_2S(황화수소, < 1%)등 여러 가스나 미네랄은 다시 흙이나 공기 중으로 돌아가 순환하게 된다. 산화과정의 마지막 단계이다 보니 산화환원력(redox potential)이 보통 -430mV 이하로 매우 낮은 편이다. 또 메탄생성박테리아는 민감해서 다른 먹이경쟁자 박테리아 예를 들면 황(Sulfate) 이용박테리아를 만나게 되면 먹이경쟁에서 지게 된다. 또 서식환경의 온도나 pH값의 영향에(적정 pH값이 7.3~8) 민감하게 반응하고 더불어

다른 요소, 예를 들면 NH_3(암모니아), H_2, $C_2H_4O_2$, $C_3H_6O_2$(프로피온산) 등의 유기산농도에 영향을 쉽게 받는다.

여러 종류의 메탄생성미생물이 존재하는데 주로 에너지작물을 원료로 하는 혐기 소화조에는 H_2와 CO_2를 주원료로 하는 메탄생성미생물이 주를 이루는 것을 볼 수 있다. 이러한 여러 가지 메탄생산미생물의 특이한 성질 때문에 실험실의 연구가 매우 어려워서 흔히 바이오가스 생산공정은 여전히 블랙박스(Black Box)라고 불리고 있다. 그러나 이런 메탄생성미생물은 아이러니하게도 자연계에 널리 존재하는데 늪, 바다 및 반추동물의 제1위, 분뇨, 사람의 대장 등 먹이사슬 마지막 단계에서 O_2가 차단되고 습한 거의 모든 곳에 존재한다. H_2와 CO_2를 가지고 메탄을 생산하는 것이 주를 이루기 때문에 H_2를 생산하는 다른 미생물과 공생하는 것이 중요하다. 이들은 H_2를 서로 주고받는 데 아주 특별한 기술을 가지고 있는데, 서로 붙은 상태에서 주고받는 기술(inter species transfer)이다. 이때의 수소압에 따라 메탄생성미생물 또한 영향을 받는다. 예를 들면 10Pa 밑으로 수소압이 내려가면 H_2와 CO_2를 이용하는 메탄생성박테리아가 활발히 활동하고 그 이상으로 가면 $C_2H_4O_2$을 이용하는 메탄생성박테리아가 활발히 활동하게 된다. 또는 온도에도 영향을 많이 받는데 60도 이상으로 올라가면 $C_2H_4O_2$을 이용하는 메탄생성박테리아의 활동이 어려워진다. 주로 프로세스가 중온(mesophil, 30~45도)인 경우 박테리아의 다양성이 커지지만 고온(thermophil, 55~60도) 프로세스 경우에는 내구성이 강한 메탄생성박테리아(methanobacteriales)가 주를 이루게 된다.

메탄박테리아는 다른 종류의 메탄박테리아와 다르게 몇 가지 독특한 특성을 가지고 있다. 앞에서 말한 바와 같이 유일하게 CoM 효소를 가지

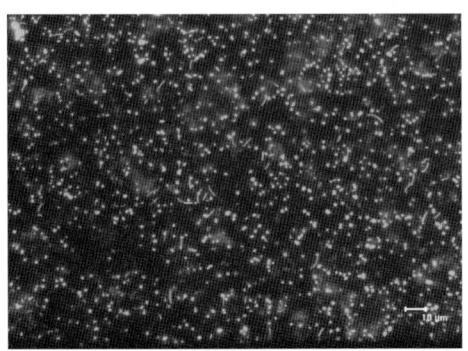

그림 1-8 메탄박테리아의 또 다른 예(원료: 사료용 무, 온도: 41도)

사료용 무를 원료로 하고 41도의 온도를 유지하고 있는 바이오가스 실험실 소화조의 샘플에서 찍은 사진이다.

고 있고 또한 F420 보조효소를 많이 가지고 있어서 빛을 반사하고 메타노퓌랄레스(Methanopyrales)나 메타노박테리알레스(Methanobacteriales) 같은 경우는 프소이도무레인(pseudomurein)이라는 독특한 세포벽을 가지고 있다. 이 세포벽은 일반적인 효소로는 분해가 되지 않는다. 특히 옥수수를 원료로 할 경우 온도를 55도 이상으로 올렸을 경우 그림 1-6에서 보는 것과 같이 대부분의 메탄박테리아가 막대 모양(rod) 형태이다. 이 박테리아는 대체로 환경변화에 민감하지 않고 단지 온도에 의해 지배적인 박테리아 종류가 바뀌는 현상에 근거해서 하나의 실험 인자로 평가받기도 한다. 이들은 보통 메타노박테리알레스로 인정되고 있다.

8. 바이오가스 원료

일반적으로 원료를 말할 때 유기성 폐기물 중 가축분뇨가 제일 많은 부분을 차지하고 있다. 유기성 폐기물 중 가축분뇨가 80~95%를 차지하며 음식물쓰레기는 0.5~7% 수준이다. 그 나머지는 유기성 하수슬러지이다. 그러나 가축분뇨는 부피는 크지만 실제 바이오가스를 생산해 낼 수 있는 유기물이 에너지곡물에 비하여 적게 들어 있어서(건조중량 3~9%, 에너지작물 보통 30% 이상) 플랜트의 경제성과 효율성을 크게 떨어뜨린다. 즉 오직 가축분뇨 소화만을 위한 플랜트에서는 경제적 이익을 창출할 수 없다. 게다가 유기성 하수슬러지는 유기물이 더 적게 들어 있다.

음식물쓰레기는 유기물이 상대적으로 조금 더 많이 들어 있으나(건조중량 20~30%) 원료 처리와 냄새문제, 위생문제로 인해 사용에 어려움을 겪고 있다. 이런 것들은 그동안 바이오가스플랜트 실패 사례의 중요한 원인이 되었다. 음식물쓰레기의 바이오가스화는 기본적으로 바람직하나 정확히 볼 때 특수처리에 가깝고 양적 한계와 재생에너지의 생태적 지속성 측면(환경적 탄소순환)에서 재생 및 대체에너지의 주원료로서는 볼 수가 없다. 즉 수입의 의존도가 높은 식품은 토양의 영양소 순환 측면에서 부담이 될 뿐만 아니라 전처리와 위생문제의 부담도 늘 따라다닌다. 이들 원료들이 폐기물의 에너지화 측면에서 지원

그림 1-9 바이오가스 원료로서의 음식물 쓰레기

되어야 하지만 위의 문제점들이 없는 대체에너지 주원료를 별도로 찾아야 하는 것도 중요하다. 그래야 지역의 재생 에너지자립이 가능할 것이다. 가축분뇨의 바이오가스 이용은 재생 이용측면과 환경보호면에서 바람직하고 지원되어야 하지만 화석연료 대체에너지로서는 역시 가스생산량 측면에서 부족한 점이 있다.

독일의 농가형 바이오가스플랜트에서 전통적으로 가축분뇨가 주를 이루었으나 에너지곡물의 등장으로 원료의 종류(메뉴)가 다양해졌고 생산과 효율이 급격히 늘면서 본격적인 바이오가스를 통한 에너지생산화가 가능해졌다.

에너지곡물이 다양해지고 전문화되면서 에너지곡물 시장이 형성되었고 그 종류는 앞으로 더욱 다양해질 것으로 보인다. 2010년 독일에서 사용량 면에서 46%가 에너지곡물, 45%가 가축분뇨, 산업 및 농업 부산물이 2% 그리고 바이오폐기물(유기물을 포함하고 있는 생활쓰레기 등)이 7%를 차지하고 있다. 즉 이들 중 91%가 농업에서 그 원료가 나오고 있다. 에너지생산효율 측면에서는 옥수수, 곡물, 잔디, 해바라기, 무 등 에너지곡물의 중요성은 더해 간다. 그 밖에도 흙의 영양과 윤작 등을 고려한 다양한 식물재배시험이 진행 중이다. 에너지곡물을 선정할 때 몇 가지 고려해야 할 사항이 있다. 소요경비, 재배면적당 수확량, 재배난이도, 수확난이도, 바이오가스 발생량, 흙에 대한 영향(부식질 균형), 자연생태계의 다양성에 대한 영향 등이 판단기준이 되고 이런 부분에 그 효율성을 점검해야 한다. 독일에서 현재로서는 옥수수가 바이오가스 생산량과 재배난이도, 수확난이도, 단위면적당 효율 면에서 좋은 점수를 받아 에너지작물로 가장 많이 사용되고 있다. 그러나 흙의 부식질 균형 면에서 단점이 있다. 에너지작물과 더불어 가축분뇨가 함께 원료로 사용되고 있는 경우가 많은데 그 이유는 가축분뇨를 사용했을 경우 프로세스의 안정성에 도움이 되고 환경보호적 장점이 있기 때문이다. 그러나 바이오가스 생산공정에 해를 끼치는(독성이 있는) NH_3가 많이 포함되어 있는 계분 같은 경우는 사전에 다른 가축분뇨나 물 등으로 희석하거나 NH_3를 걸러내야 한다.

바이오폐기물을 다룰 때는 더 주의를 해야 하는데 예를 들면 오염물질, 농약, 항생물질, 불순물 또는 병원성 박테리아 등이 소화액 비료로 다시 흙으로 돌아가 악순환을 일으킬 수 있다는 것이다. 그래서 이러한 유해물질을 제거하기 위한 살균 및 소독과 같은 전처리 방법과 비료공정규격 및 관리법 등의 해당법과 규정을 잘 살펴야 한다. 또한 항생물질이 플랜트 다이제스터로 들어가게 되면 바이오가스를 생산하는 박테리아가 죽게 될 수도 있다는 것을 염두해야 한다. 그래서 남는 유기물쓰레기라고 해서 무조건 원료로 플랜트에 집어 넣어서는 안 된다. 쉽게 소화가 되는 것이 있고 안 되는 것이 있으며 소화에 방해가 되는 요소들이 있다는 것을 알아야 한다. 예를 들면 기본적으로 기름이나 지방은 소화가 잘 안 되거나 오래 걸리는 경향이 있다. 일반적으로 가축분뇨를 바로 비료로 이용하는 것보다 바이오가스플랜트에서 소화 후 비료로 이용하는 것이 몇 가지 면에서 이롭다는 실험결과가 있다. 즉 소화액이 식물이 흡수하기 편하게 더 잘게 분해되어 있다는 것이고 악취를 유발하는 유기물이 분해되기 때문에 악취가 줄고 남아 있던 잡초씨 등이 분해되며 병원균들이 혐기성 소화과정을 통해 그 수가 줄거나 죽게 된다는 것이다. 이런 소화액을 운송, 저장, 살포의 용이성을 위해 CHP에서 남는 열을 이용해 건조시키거나 건조 후 짚이나 톱밥 등을 섞어서 포장한 후 비료시장에 판매할 수 있다. 이것을 위해

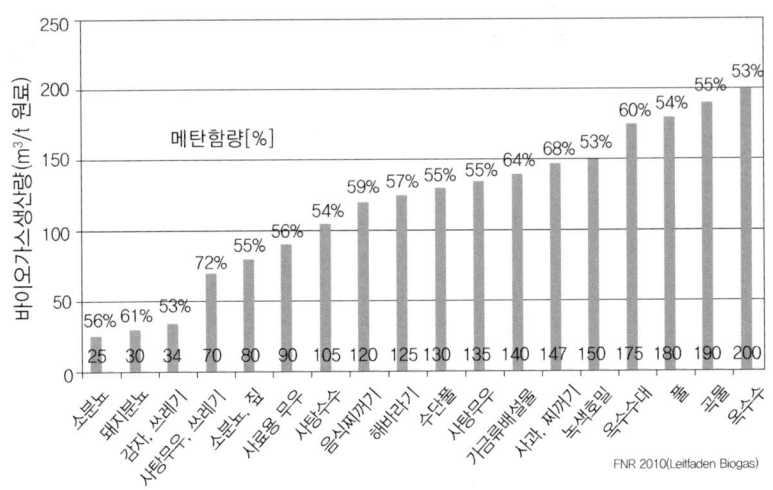

그림 1-10 원료에 따른 바이오가스 생산량

대략적인 원료의 톤당 가능한 바이오가스 생산량(0도 1 기압 기준)이다. 전형적인 메탄함량(%)도 이 그림에서 찾아볼 수 있다.

서 CHP에서 남는 열이 얼마 정도가 되며 건조에 필요한 열에너지가 얼마나 될 것인가 계산을 한 후 적절한 건조 프로세스 규모를 정할 수 있을 것이다. 예를 들면 톤당 수분제거(증발)하는 데 필요한 에너지를 약 1,500kWh로 계산할 수 있다. 그림 1-10은 일반적으로 여겨지는 원료들의 바이오가스 생산가능성과 메탄함량를 보여준다. 이것은 원료 선정에서 매우 중요한 역할을 한다.

9. 바이오가스 역사

바이오가스의 역사는 매우 오래되었다. 기원전 10세기경 아시리아에서 바이오가스로 물을 데웠다는 기록이 있고 2,000~3,000년 전 중국에도 바이오가스 이용기록이 있다. 기원후 17~18세기 여러 곳에서 바이오가스 실험기록이 있고 혐기 소화조 하나가 1840년경 뉴질랜드에 지어졌다는 기록이 있다. 최초의 바이오가스플랜트는 19세기 중반 인도 봄베이에 지어졌다는 기록이 있다. 그 이후 영국으로 넘어가 상업적인 발전을 이루게 되었다. 지금은 인도나 중국 등에 수많은 농가 가정형 소규모 바이오가스플랜트가 있고 그에 따른 기술이 발전되어 있다. 여기 바이오가스는 주로 물을 데우거나 요리용으로 사용된다. 독일에서 20세기 초반에 슬러지 처리로 시작되었다가 제2차 세계대전 시 유기성 폐기물로 바이오가스생산량을 늘렸다는 기록이 있다. 1970년대 석유파동으로 다시 한 번 바이오가스 이용이 부각되었다. 독일에선 1990년대 초반에 가축분뇨처리를 위한 바이오가스 시설이 일부 설치되다가 2000년대 들어서면서 재생에너지법과 함께 에너지곡물과 재생에너지라는 적극적인 개념이 등장하면서 주로 농가형 바이오가스플랜트가 대폭 증가하게 되었다. 스위스나 스웨덴에서도 일찌감치 바이오가스 기술이 발전되었는데 스위스에서는 음식물쓰레기 등을 같이 처리하는 통합소화(Co-digestion)시설이 등장했고 도시가스라인 인프라가 비교적 덜 발달되어 있는 스웨덴에서는 바이오가스를 자동차연료로 이용하는 데 초점을 두고 있다. 영국에서는 주로 매립지가스(Landfill gas) 형태로 바이오가스를 많이 생산하는 데 초점을 두고 있다. 한국이나 캐나다, 미국 등 여러 나라에서는 녹색에너지생산에 초점을 두었다기보다는 쓰레기처리에 무게를 두고 있었지만 점차 그 개념이 바뀌고 있다.

10. 바이오가스 기술

바이오가스 기술 가운데 핵심이 되는 몇 가지 요소가 있다. 원료주입기(펌프 포함), 가스저장기, 혐기 소화조(교반기 포함), 열병합발전기

(CHP, Combined Heat and Power Unit), 가스정제기 등이 그것이다. 일반적으로 가장 많이 문제가 일어나는 곳이 원료주입기(23 또는 15% 펌프), 발전기(22%)이며, 통계조사에 따라 발전기와 원료주입기 순서가 바뀌기도 한다. 그 다음이 교반기(16%)이다. 즉 이것들은 가장 주의를 기울여 항상 관리해야 할 곳이기도 하다. 원료주입기와 펌프가 많이 고장나고 거기에 원료를 잘 섞는 역할을 하는 교반기에 문제가 많이 일어난다. 즉 이 세 가지는 원료의 성상과 계절의 변화에 제일 많이 영향을 받는다. 따라서 원료처리, 원료이송 및 원료공급조절 등을 어떻게 하는가가 첫 번째 제일 중요한 기술적 고려사항이다. 그러니 어떤 원료를 선택하는가는 기술선택을 하는 데 매우 중요한 문제요인이 된다. 예를 들면 음식물쓰레기나 계분은 혼합이 매우 어려우며 모래나 불순물로 인해 펌핑도 어렵고 잘 가라앉는 문제점도 가지고 있다. 무나 감자 같은 경우는 흙과 돌이 많이 묻어 있어 문제가 되며, 잡초는 교반문제가 있으며, 에너지작물도 펌핑에 문제가 있다. 이러한 문제들에 대한 해결책이 있어야 한다.

두 번째 중요한 기술적 고려사항은 생성된 가스를 어떻게 이용하는가이며 이것은 직접적으로 경제성과 관련이 있다. 발전기와 가스정제기를 이용하는 것인데, 원료는 제한되어 있기에 생산된 가스를 최대한 효율적으로 이용하는 것이 경제성을 최대로 할 수 있다. 발전기와 가스정제기는 가스의 성상에 의해 영향을 직접적으로 받는데 달리 말하면 결국 원료의 종류에 의해 직접적인 영향을 받게 된다는 것이다. 에너지작물 사용의 장점은 가스의 성상이 일정하여 안정적으로 가스를 정제할 수 있다는 것이다. 그러나 쓰레기로부터 생산되는 가스는 쓰레기성상이 다양하기 때문에 그만큼 가스의 정제나 공급조절에 어려움을 갖게 되고 발전기와 가스정제기의 수명을 단축시킨다. 어떤 원료로 어떤 핵심기계를 어떻게 이용하는가가 공정운전에 사용되는 에너지 (전기와 열)를 절약하는 데에 중요한 요인이 된다. 원료에 정확히 맞는 원료주입기, 펌프, 교반기 및 가스이용공정이 개발되어야 하는 것이다. 이러한 이유로 한국형 에너지곡물개발이 우선적으로 필요하며, 그 다음으로 한국형기술개발이 필요하다.

11. CHP

CHP는 일반적으로 엔진과 발전기 두 부분으로 되어 있다. 발전기를 돌리는 연소엔진과 전기를 생산하는 발전기의 종류가 다양하다. 일반 발전기 대신에 가스터빈이나 연료전지의 사용도 가능하다. 바이오가스

그림 1-11 CHP
콘테이너 안의 CHP이다. 큰 소음과 안전문제로 보통 별도의 콘테이너 안에 CHP를 둔다.

에는 주로 두 가지 엔진이 사용되는데, 하나는 전소형 엔진(gas engine)이고 둘째는 혼소형 엔진(dual fuel engine)이다. 전소형 엔진을 사용할 경우에는 보통 150kW 이상의 규모일 때 주로 이용되고 CH_4이 45% 이상 계속 유지되어야 한다. 이것은 엔진의 운전에 매우 중요한 기준이 된다. 즉 CH_4이 45% 미만일 경우에는 엔진에 손상이 갈 수 있다. 그래서 바이오가스를 CHP에 주입하기 전에 가스저장조에서 섞기도 하고 또한 가스성상을 항상 체크하는 것도 중요하다. 특히 회분식 공정(Batch 프로세스) 시 초반기에는 CH_4이 많이 나오지 않으므로 이 부분에 많은 주의를 기울여야 한다. 효율은 보통 전소형 엔진에서 전기생산효율은 33~42%, 열생산효율 35~56%이고 혼소형 엔진은 전기생산효율이 35~45%, 열생산효율이 40~43% 정도가 된다. 혼소형 엔진은 2~10% 정도로 경유(약 0.3g/kWh)가 점화용으로 사용된다. 보통 300kW급 이하의 작은 규모에서 사용되고 전소형 엔진보다 섬세한 제어조절이 가능하다는 우수한 장점이 있다.

독일에서는 2007년부터 이 점화용 경유를 대신해 바이오디젤이나 식물성 오일을 사용하도록 했는데 그 사용량은 바이오디젤 12.5ml/kWh$_{el}$, 식물성오일 16.5g/kWh$_{el}$ 정도이다. 기계수명은 전소형 엔진이 6만 시간, 혼소형 엔진이 3만 5,000시간 정도가 된다. 수리 등의 유지관리비용은 전소형 엔진이 23원/kWh(1.5ct/kWh), 혼소형 엔진이 8~23원/kWh(0.5~1.5ct/kWh) 정도이다. 구입비는 일반적으로 전소형 발전기가 약간 더 비싸다. 작은 용량에서는 일반적으로 혼소형 엔진이 전기효율이 비교적 높다. 그러나 혼소형 엔진은 별도의 경유비가 들어가는 단점이 있다. 대체연료로는 전소형 발전기에는 다른 천연가스 사용이 가능하고 혼소형 발전기에는 경유나 식물성오일 등이 가능하다. 배기가스는 각 기계와 용량에 따라 NOx(질소산화물), CO(일산화탄소), SxOy(황화산화물), HCHO(폼알데하이드)의 배출기준치가 다르다. 전소형 엔진의 경우 NOx는 용량에 관계없이 500mg/m³, CO는 1,200kW 용량까지 1,000mg/m³, 그리고 그 이상의 용량은 650mg/m³이 된다. SxOy는 400kW 이상에서 310mg/m³이고 HCHO는 60mg/m³이 된다. 혼소형 엔진인 경우는 NOx가 400kW까지 1,500mg/m³, 1,200kW까지 1000mg/m³, 그 이상인 경우 500mg/m³이 된다. CO는 1,200kW까지 2,000mg/m³이고 그 이상은 650mg/m³이다. SxOy는 400kW이상인 경우 310mg/m³이고 HCHO는 60mg/m³이 된다. 그리고 먼지기준치가 추가되는데 400kW$_{el}$까지 50mg/m³, 1,200kW$_{el}$까지 20mg/m³ 그리고 그 이상은 허용치가 20mg/m³이 된다. CHP를 선택할 시 주의사항은 첫째가 높은 효율을 지녀야 한다는 것이고(전기 35~40%, 열 35~45%), 그 다음이 낮은 수리빈도여야 한다. 전기효율은 전기판매 시 매우 중요한 역할을 하기 때문에 CHP 선택 시 가장 중요한 요소가 된다. 그러나 보통 효율이 높을수록 기계수명이 낮다는 단점이 있다. CHP에서 전자제어시스템은 필수이다.

운영 시에는 처음부터 정규수리, 운영요령, 주의사항, 운영장소 등과 관련된 규정 등을 주의깊게 숙지하고 대책을 확보해야 한다. 그 이유는 CHP가 바이오가스플랜트에서 가장 고장횟수가 많은 기계중의 하나이기 때문이다. 특히 정규수리에 필요한 대체부품을 확보하고 고장 시 운영에 대한 최소한의 피해를 줄일 수 있는 수리방법까지 미리 고려해야 한다. CHP 수리 시를 대비해 예비 CHP를 두어 가동할 수 있어야 하고, 그와 동시에 엔진이 과열되었을 경우에 잉여가스연소기(gas flare)를 두어 CH$_4$이 공기 중으로 그냥 새어 나가는 것을 방지해야 하며, 엔진은 냉각기로 냉각시킬 수 있도록 해야 한다. 한 가지 대책으로 수리기간 일주일 전부터 원료공급량을 줄이거나 애초에 가스저장조 규모를 정할 때 CHP 수리시간(기술자 이동시간 포함)을 어느 정도 고려한 규모로 넉넉하게 정할 수도 있다. 소화액저장조 규모의 결정과 마찬가지로 가스저장조 규모의 결정은 가스이용의 다양화와 더불어서 점점 중요한 위치를 차지하고 있다. 가스저장조의 가스저장량과 CHP의 효율값은 바이오가스플랜트 생산공정운영과 자동제어의 중요한 기준이 된다. 그 밖에도 남은 열이용과 수리빈도가 낮은 장점이 있는 작은 규모의 가스터빈이 고려되기도 하지만 낮은 효율과 비싼 투자비로 인해 아직 연구단계에 있다. 스털링(Stirling) 엔진 또는 50% 이상 효율의 깨끗한 연료전지 등이 검토 단계에 있다. CHP의 남은 열을 이용하여 전기를 다시 한 번 생산하는 유기랭킨사이클(Organic Rankine Cycle, ORC) 기술이 있다.

보통 CHP에서 남는 열 가운데 25% 정도가 공정운영 에너지로(소화조 가온) 이용되고 15% 정도가 손실되며 약 50~60%가 남는 열이 된다고 한다. 이 남는 열은 인근의 건물이나 공장 가온 등에 사용되거나 판매될 수 있다. 이때는 새로운 배관을 설치하거나 기존의 난방시스템과 연계해야 하기 때문에 이에 대한 투자가 필요하다. 남는 열 이용은 플랜트경제성과 환경 면에서 상당히 중요해서 독일에서는 지원보너스(KWK)가 지급되는데, 이는 바이오가스에서 나오는 열을 이용함으로 화석연료의 사용량을 상대적으로 줄이기 때문이다. 특히 여름에는 열이 남고 겨울에는 열이 모자라는 현상 때문에 여름에는 남는 열을 변화시켜서 냉방으로 이용하는 기술이 인기를 끌고 있다. 즉 필요에 따라 난방 또는 냉방으로 남는 열을 이용할 수 있다.

12. 가스정제 및 이용

가스의 이용을 위해서는 먼저 가스의 물리적 특징을 이해해야 한다. 가스의 분석 및 양을 계측하고 저장하며 그뿐만 아니라 정제하고 제어하는 기술이 있어야 한다. 그중에서도 가스정제(고질화, upgrading) 기술은 점점 더 인기를 더하고 있다. 바이오가스를 정제하게 되면 천연가스(CH_4)와 똑같이 사용할 수 있게 되기 때문이다. 이를 위해서는 가스 내 수분과 H_2S를 제거하고 정제장치를 통해 CO_2를 분리하여 CH_4 농도를 98% 이상까지 높여야 한다. 이러한 복잡한 정제기술이 적용되어야 하기에 2012년부터 가스의 고질화를 지원하기 위해서 독일에서는 그 양에 따라 전기판매당 보너스가 지급된다.

또한, 가스의 연소 시 발생되는 포름알데히드의 공기 중 방출을 줄이기 위해 일종의 산화장치를 적용하며 이에 따른 설치비와 유지비가 필요하다. 이것을 보상하기 위해서도 2009년부터 특별히 전기판매당 포름알데히드 보너스가 독일에서 지급되기도 한다. 바이오가스 고질

그림 1-12 가스정제기

화기술은 물과 압력, 온도와 압력, 화학적 방법 또는 멤브레인 필터를 이용하는 방법들이 있다. 각 기술을 선택하기 위해서는 프로세스운영을 위한 전제조건과 장단점을 살펴서 적용해야 한다. 예를 들면 아민(amine)이라는 화학물질을 이용한 화학적 정제방법은 프로세스압력은 필요 없다는 장점이 있지만 온도(160도)와 화학물질(amine)이 필요하다는 단점이 있다.

그 밖에 압력을 이용하는 방법(PSA : Pressure Swing Adsorption, PWS : Pressure Water Scrubing, membrane filter)들은 4~10bar의 압력이 필요하지만 온도나 화학물질이 필요하지 않는 장점이 있다.

독일에서는 주로 PSA와 PWS 형태가 설치되어 있는데 프로세스콘트롤 측면에서는 PSA(10%)가 확실히 떨어진다고 한다(PWC 등 나머지는 50~100% 콘트롤이 가능함). 정제 시 메탄이 손실되기도 하는데 PSA가 메탄소비가 비교적 많다(2~10%, 그 외 PWS 1~2%, membran filter 3~5%, amin scruber 0.1%). 1m³ 바이오가스정제 시 소비되는 전기량은 PSA와 PWS는 약 0.25kWh 정도 소비되고, 그 나머지는 0.15~2kWh 정도가 소비된다고 한다(Amine scruber가 1m³당 전기소비가 가장 적다, 0.15kWh).

독일에서는 2006년 세 곳에만 바이오가스 고질화기가 설치되었던 것이 2009년에는 33개소, 2011년에는 급속히 증가하여 107개소에 설치되어서 시간당 약 68,100Nm³ 바이오메탄(Biomethan)을 생산해내고 있다. 2011년도에 5.7억 Nm³ 바이오메탄이 기존의 천연가스라인에 공급되었다. 목표는 2020년까지 연간 60억 m³ 천연가스를 바이오가스로 대체하는 것이다. 그래서 천연가스 수입의존도에서 벗어나겠다는 의지이다. 이것을 달성하려면 매년 110여 개의 새로운 바이오가스 고질화기가 설치되어야 한다. 바이오가스를 정제한 이후에 필요한 양을 충족할 수 있도록 적정량을 저장 및 확보하는 것이 중요하다. 자연적 또는 인공적인 지하공간에 저장하기도 하고 또는 지상의 가스저장조에 저장할 수 있다. 기존의 도시가스라인은 가스운반을 위한 역할을 할 뿐만 아니라 동시에 훌륭한 가스저장조가 된다. 일반적으로 바이오가스플랜트의 규모가 적어도 시간당 500m³ 이상 바이오가스를 생산할 때 바이오가스고질화기설치의 경제성을 볼 수 있다고 한다. 한국의 RPS제도처럼 독일에서도 일반 CHP에 적어도 30%를 바이오가스로 섞어서 사용할 수 있도록 하고 있다. 기존의 천연가스라인에 공급되기도 하지만 또는 인근의 가스필요지역에 CHP를 설치한 후(satellite CHP) 바이오가스플랜트로부터 소규모 가스배관(마이크로가스라인)을 열병합발전기까지 설치 연결하여 전기와 열을 공급할 수 있다. 또는 가스난방기, 가스발전기를 통해 직접 바이오가스를 이용할 수 있다. 또한 바이오가스는 기존의 가스충전소를 통해 자동차연료로 사용될 수 있다. 이때 기존의 화석연료보다 상당한 CO_2배출 저감효과를 낸다. 천연가스에 20%의 바이오가스를 섞어 사용할 시에 휘발유보다 약 39% CO_2배출 저감효과를 보인다고 한다. 요즘은 가스와 벤젠을 교환하며 사용할 수 있는 엔진인 바이벨런트(bivalent) 모터가 인기를 끌고 있다. 이것은 할당의무제 및 세금감면 등으로 촉진되고 있다. 바이오가스 고질화기술은 바이오가스가 천연가스를 대체할 수 있는 에너지원의 위치로 올려놓았다. 그래서인지 유럽과 독일은 이 부분에 본격적으로 연구와 투자지원을 아끼지 않고 있다.

가스를 고질화하려면 일단 H_2S를 제거해야 하고 수분과 불순물을 제거해야 한다. 다른 미세가스도 제거해야 한다. 그 이후에 천연가스

품질수준, 압력 및 열량을 맞춘 다음 가스누출감지를 위해 냄새를 첨가한 후 천연가스라인에 연계할 수 있다. 열량을 맞추기 위해 프로판가스 등을 섞기도 한다. 기존의 가스라인과 연계시키는 것이기 때문에 여러 가지 제도적 조건을 맞추어야 한다. 독일에선 제도적으로 바이오메탄 투입을 보장하고 있고 그것의 수익성을 설명해 놓았다. 바이오메탄 저장의 효율성을(즉 부피를 적게 한다는 것) 높이기 위해 액체화하는 기술을 적용할 수도 있다. 바이오메탄의 액체화 이용은 가정용, 공업용 연료뿐만 아니라 자동차, 버스, 배, 더 나아가 비행기의 연료로까지 확대될 것으로 기대되고 있다.

13. 바이오가스 생산공정

원료와 박테리아의 특성이 다양하듯이 이러한 다양한 조건에 맞추기 위해 바이오가스 생산공정 또한 다양하다. 양적으로 가축분뇨와 에너지곡물의 혼합 형태가 주를 이루기 때문에 습식혐기소화시스템이(< 15%

그림 1-13 단순한 바이오가스 플랜트 유형
교반기나 특별한 기술 없이 땅을 파고 덮개를 덮어 가스를 모으는 단순한 플랜트 형태이다.

건조중량, 즉 펌핑이 가능한 형태, < 12% 건조중량, 즉 교반이 가능한 형태) 대세를 이루고 있다. 이 시스템은 쉬운 자동제어의 장점이 있지만 한 번 불순물에 의해 공정이 잘못되면 전체 소화액이 잘못되는 단점이 있다. 그래서 습식혐기소화시스템은 원료의 특성이 잘 알려져 있는 에너지곡물과 가축분뇨에 적합한 시스템이다.

만약 원료가 액상 형태의 분뇨 등의 원료가 섞이지 않고 쌓이는 특성을 가진 원료라면(> 30% 건조중량) 건식 또는 고상혐기소화시스템이 가능하다. 예를 들면 음식물쓰레기, 에너지곡물, 농업부산물 등이 그 원료가 될 수 있다. 건식혐기소화시스템은 주로 PF(plug flow) 시스템을 말하는데 혐기 소화조가 누워 있는 형태(수평형)를 말한다. 그 안에서 단계적 소화가 발생되는 것을 목표로 하지만 쉽지가 않고 큰 규모의 경우 교반의 문제를 자주 일으키게 된다. 즉 축이 휘어지거나 또는 큰 부하를 이기지 못하여 축과 연결되는 부분에 가스나 소화액이 누출되는 현상이 종종 일어나고 있다. 계분이나 음식물쓰레기처리는 그 원료의 특성상 종종 이 시스템이 이용되고 있다.

그림 1-14 휠로더를 통해 원료를 집어넣고 있는 박스 형태의 플랜트

고상혐기소화시스템은 박스 형태 또는 차고 형태라고 불리며 여러 개의 박스로 이루어져 있고 소화액을 주기적으로 원료에 분사하여 소화를 가능하게 하는 시스템이다. 보통 소화액 50~70%를 원료(30~50%)와 박스플랜트 앞에서 먼저 섞은 다음 휠로더를 통해 박스혐기 소화조에 집어넣게 된다. 또는 어떤 시스템은 소화액 분사만으로 혐기성 소화를 가능하게 하기도 한다. 그 다음 소화액(percolate)을 주기적으로 뿌린 후 순환을 시키거나 아니면 원료가 어느 정도 잠길 수 있도록 계속 채워 놓는다. 일반적으로 소화액(percolate) 저장조가 있다. 경우에 따라 상분리를 통해 메탄생성조를 따로 두기도 한다. 장점은 어느 한 개의 소화조가 잘못되더라도 쉽게 교체할 수 있으며 다른 소화조에는 그 영향을 줄일 수 있는 것이다. 그래서 불순물이 많이 들어 있는 음식물쓰레기 처리에 자주 이용된다. 여러 가지 주의사항들이 있는데 너무 빨리 발효가 되어 산 생성이 빨리 이루어지면 메탄생성이 중단되기 때문에 원료의 종류와 건조중량에 따른 사전 소화액을 섞는 정도를 잘 정해야 한다. 단순한 가온으로는 원료 전체의 온도를 일정하게 유지하기 어렵다는 단점이 있다. 원료의 온도를 높이기 위해 혐기소화 전에 호기적 퇴비화과정을 두기도 한다. 또한 원료 내로 소화액 침투성이 보장되어야 한다. 이것을 위한 원료 사이사이의 공간을 만들어 줄 수 있는 나뭇가지나 구조를 형성할 수 있는 물질을 섞어 넣기도 한다.

또한 원료주입방법에 따라 공정이 회분식(batch) 및 연속식(continous) 공정으로 구분되기도 한다. 또는 그 중간 형태도 존재한다. 일반적으로 바이오가스 생산공정에서는 중간 형태, 즉 반연속적인(semi contininous) 적인 원료공급이 이루어지고 원료공급이 이루어지면 바로 그 다음 그만큼의 소화액이 다음 소화조나 소화액저장조로 저절로 빠져나가는 시스

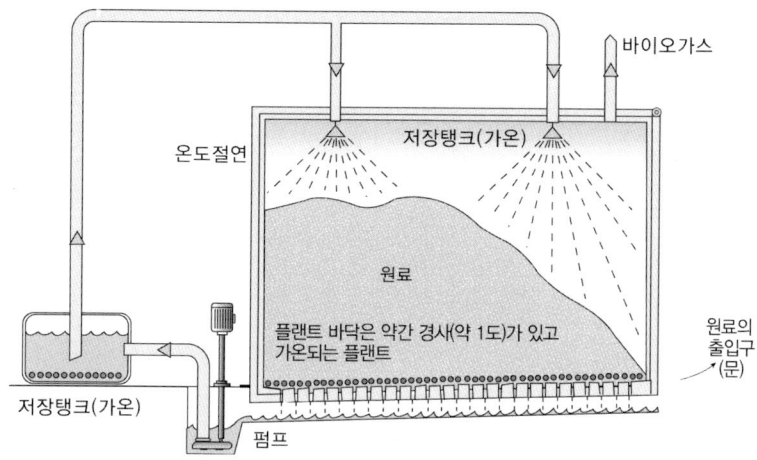

바이오가스

온도절연

저장탱크(가온)

원료

플랜트 바닥은 약간 경사(약 1도)가 있고
가온되는 플랜트

원료의
출입구
(문)

저장탱크(가온)

펌프

그림 1-15 박스 형태의 일반적 원리

템으로 되어 있다. 일반적으로 될 수 있으면 작은 양을 여러 차례 넣어
주는 것이 박테리아가 적응하는 데 도움이 된다. 실험실에서는 일반적
으로 회분식 시스템으로 되어 있고 플랜트는 연속식으로 되어 있는데
여기서 보통 실험결과의 큰 차이가 난다.

또한 실험실의 소화조는 완전한 교반이 가능한 데 반해 플랜트에서
는 완전한 교반이 불가능하다. 이것 또한 시스템의 큰 차이를 내는 원
인이 된다. 고상혐기소화시스템에서는 회분식(batch) 형태로 이루어
진다. 또한 공정은 미생물 종류에 따른 두 종류의 pH최적생장점을 고
려하여 두 가지로 물리적 상분리를 하기도 한다. 일반적으로 분리하지
않은 형태가 주를 이루나 두 가지로 상분리된 공정(산생성단계 : pH
3.5~5.5 그리고 메탄생성단계 : pH 7~8)도 계속하여 주목을 받고 있
다. 문제는 상분리된 상태를 어떻게 계속 유지하는가이다. 이것이 쉽
지가 않고 그에 따른 경비와 재료가 만만치가 않다. 산생성단계에서는
보통 pH값이 5 이하로 내려가는데 오랫동안 그 산에 의한 부식을 대

비하고 유지한다는 것이 쉬운 일이 아니다. 또는 미생물이나 원료의 특성에 따라 공정 온도를 여러 가지로 정하기도 한다. 20도 정도의 저온(psychrophil), 35~42도의 중온(mesophil) 그리고 55도 정도의 고온(thermophil)으로 혐기소화공정을 나눌 수 있다. 요즘은 60도에서의 혐기소화가 시도되고 있다. 그러나 온도가 70도가 넘어가면 바이오가스 생성이 급격하게 감소되는 것이 자주 관찰된다. 온도에 따라 주를 이루는 박테리아가 달라진다. 원료의 성격과 사용목적에 따라 혐기 소화조 온도를 정해야 하는데 에너지효율상 주로 중온(mesophil)이 많이 이용되고 있다. 이 경우는 미생물 종류가 가장 다양하다는 장점이 있다. 고온소화의 경우는 아레네우스원리에 의한 반응속도가 빨라진다는 기대도 있다. 무엇보다 온도가 높을 경우에는 교반과 펌핑이 원만해진다는 장점이 있다. 위생문제로 인한 미생물 살균을 목적으로 이

그림 1-16 생성되는 CH_4의 압력으로 교반기 없이 교반하는 형태의 플랜트
(Pfefferkorn biogas plant)

용되기도 하는데(> 70도 1시간, 55도 1주, 50도 2주 등으로 온도가 높으면 살균속도가 빨라짐) 온도가 상승된 만큼 원료에 따라 상대적으로 독성이 있는 NH_3가 많이 생성되기도 하고 공정유지 에너지가 상대적으로 많이 든다는 단점이 있다. 예를 들면 PVC파이프라인은 온도 60도가 한계온도이다. 즉 고무패킹 등 모든 부품들이 어느 온도에 맞게 설정되어 있는가를 고려해야 한다.

또한 공정을 소화조의 교반 형태로 따라 나누기도 하는데 일반적인 교반기를 이용하는 형태, 펌프를 통해 교반하는 형태, 교반기 없이 생성된 바이오가스를 통해 교반하는 형태, 교반기가 없는 상태에서 미생물이 유출(wash out)되지 않도록 부동상(immobilisation)을 설치하는 형태가 있다. 이것이 가능하려면 먼저 원료가 액체와 고체로 상 분리가 이루어져야 한다. 그래서 액체만 부동상(주먹 반만 한 크기로 파마할 때 머리카락을 둥글게 마는 플라스틱과 비슷한 모양)을 많이 집어넣어 둔 메탄생성소화조로 들어가게 되고 그렇지 않으면 막히는 문제가 생기게 된다. 이 액체는 보통 가수분해단계를 거친 이후의 액체를 말한다. 이것은 빠른 분해속도와 가스질을 확보하는 데 큰 기여를 했다고 평가받고 있다. 가수분해와 메탄생성단계를 구분함으로써 프로세스가 안정되었으며, 각 단계에서 생성되는 가스를 분리하므로 메탄생성단계에서 생성되는 가스는 특별한 정제기술없이 메탄할당량을 70% 이상까지 높일 수 있다는 장점을 가지고 있다. 또한 고체는 분리하고 액체만 순환시키므로 프로세스를 쉽게 조절하는 데 이점이 있다고 한다. 특히 가수분해단계에서 적정 pH가 5.5에서 7 이상으로 여러 가지 견해가 오가고 있다. 상황에 따라 틀려질 수 있을 것이다. 이러한 pH 조절도 여러 가지로 가능한데 새로운 원료공급과 유기산이 가

그림 1-17 plug flow 수평형 소화조의 한 예

그림 1-18 plug flow 수평형 소화조(좌)와 수평형 플랜트의 내부 모습(우)

득한 페르콜레이트(percolate; leachate; 침출액)를 빼내는 것과 메탄생성조에서 유기산이 분해된 페르콜레이트를 다시 공급하는 식으로 조절이 가능하다. 또한 소화과정을 단계적으로 유도하여 소화 효과와 조절가능성을 높이려는 플러그 플로(plug flow, 플러그 흐름)을 유도하는 형태가 있다.

플러그 플로인데 일반적인 수평형 소화조가 아닌 수직형 형태로 지어진 형태도 있다. 그것이 플러그 플로가 실제적으로 맞는지는 확인해봐야 하지만 일단 소개는 그렇게 되어 있다.

또는 혐기 소화조와 소화액저장조의 수와 조합에 따라 공정의 형태를 나누기도 하고 또는 혐기 소화조의 모양과 크기에 따라 나누기도

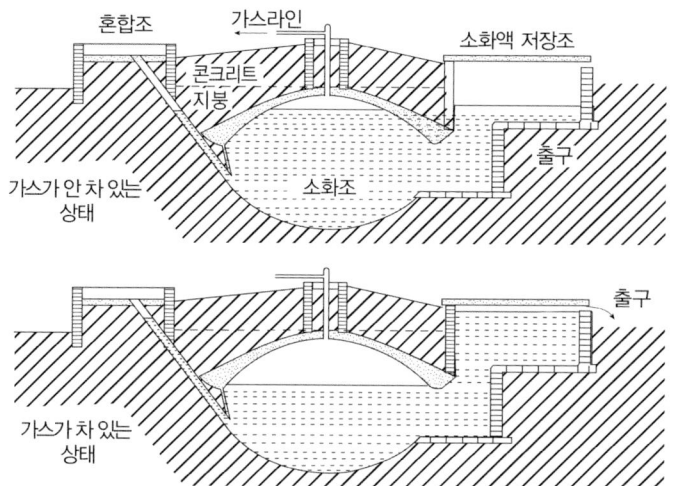

그림 1-19 주로 인도, 중국, 아프리카에서 많이 쓰이는 소규모 바이오가스플랜트
(Fulford : Running a biogas programme : a handbook)

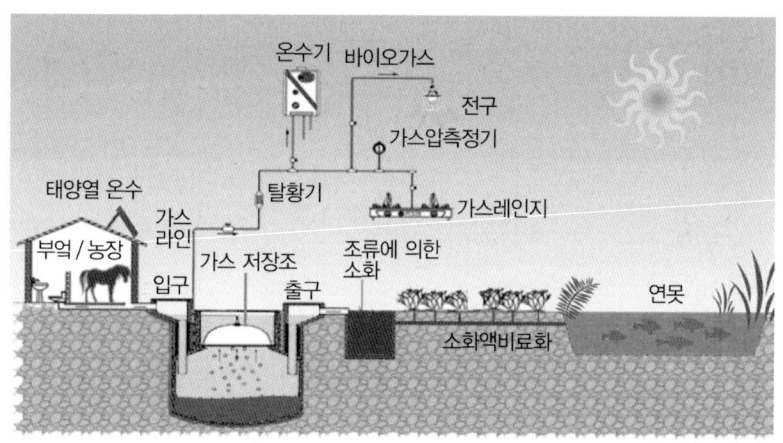

그림 1-20 중국 푹신(puxin) 회사의 바이오가스플랜트 예

한다. 또는 부가적 시스템인 소화액 리사이클링, 소화액 건조, 소화액 멤브레인처리, 소화액 펠렛화, 가스의 정제화 등에 따라 공정이 구분 되기도 한다.

가정용 소규모, 예를 들어 10m³ 규모의 바이오가스플랜트가 대다수 중국과 인도에 지어져 있다. 이런 소규모의 비교적 단순한 형태의 바이오가스플랜트가 아프리카에도 많이 유입되는 것을 볼 수 있다. 주로 생산되는 가스는 주방 요리용으로 쓰이거나 물을 데우는 데 사용된다. 약 3~4주면 완공이 가능하고 콘크리트로 되어 있는 10m³ 규모의 다이제스터에 약 1.8m³ 규모의 소화액저장조 그리고 1.2m³의 가스저장조와 거기에 따르는 라인과 밸브, 가스오븐까지 포함해서 약 1,500~2,000유로 정도 소요된다고 한다.

14. 농가형 바이오가스플랜트

독일의 농가형 바이오가스플랜트를 방문하게 되면 몇 가지 유사한 형태를 볼 수 있다. 주로 가축분뇨를 담아놓는 저장조가 지하에 묻혀 있고 펌프를 통해 가축분뇨를 혐기 소화조로 이동시킨다. 또는 그 사이에 가축분뇨와 에너지곡물을 혼합하는 혼합시스템이 있고 혼합이 된 후 소화조로 원료가 투입된다. 또는 소화조의 소화액과 원료를 혼합하기도 하는데 이것은 펌핑에 도움이 될 뿐만 아니라 소화액속의 배양된 박테리아와 원료를 미리 섞는 역할을 하게 된다. 원료의 혼합을 하는 별도의 혼합조가 따로 있기도 하지만 원료주입기기에 부착된 조그만 혼합시설에서 바로 섞여서 펌프를 통해 원료가 소화조로 들어가게 된다. 혐기 소화조가 보통 하나 또는 둘이 서 있고 그 뒤에 에너지곡물 소화가 오래 걸리는 관계로 후속 소화조를 하루 원료주입량에 따라 하나 또는 둘을 둔다. 원료에 따라 소화되는 시간이 다르기에 원료에 따른 체류시간을 정하는데 하루 원료량과 이 체류시간을 통해 소화조와 후속 소화조 크기가 결정된다. 원료의 종류에 따라 체류시간이 다양한데 예를 들어 옥수수인 경우는 60일정도의 체류시간을 둔다. 그 다음에 소화액저장조를 두는데 여기서는 소화를 시키는 것이 목적이기보다는 소화액을 저장함과 (퇴비로서 소화액의 살포시기를 고려해서) 동시에 덮개를 덮어 저장중 생산되는 잔류 가스를 마지막으로 회수하는데 목적을 둔다. 그래서 소화액저장조는 가온을 보통 하지 않는다. 그다음은 원료의 이동을 통제하는 중앙펌프실이 있고 거기에는 보통 한두 개의 펌프가 있고 여러 길로 배관라인을 분배하는 분배기가 있다. 그 옆에는 열병합발전기를 놓은 발전실이 있다. 시끄럽고 온도가 높기 때문에 냉방기와 함께 별도의 실로 만들어 놓는다. 보통 한 두기가 있는데 생산되는 바이오가스량과 맞추어 CHP용량을 정하고 남은 한 대는 비상용으로 두는 경우가 있다. CHP가 안 돌아갈 시를 대비해서 또는 처음 가동할 때를 위해서 보통 큰 공정수조와 함께 난방용보일러가

그림 1-21 바이오가스플랜트 앞에서 포즈를 취하고 있는 젖소들

같이 있다. CHP에서 나오는 열을 이용해서 물을 데워 소화조를 가온 하는데 사용하고 남는 열을 건물가온이나 주변에 판매하기도 한다. 보통 그 뒤편에 비상시를 대비해 연소기(flare)가 하나 세워져 있다. 그 옆에 컴퓨터로 제어를 하는 조그만 가건물(사무실)이 세워져 있다. 뒤편에는 보통 잘게 잘라서 운반되어 온 에너지곡물을 저장해 놓는 사일로(silo)가 있는데 덮여 있어서 공기접촉을 막아 자연발효가 되어 저장되게 하고 휠로더를 통해 원료주입기로 운반을 한다. 사일리지(Silage)로 발효가 된 에너지작물은 냄새가 심하게 나지 않고 나쁘지 않다. 플랜트에 도착하게 되면 이 냄새가 농가형 바이오가스플랜트라는 것을 먼저 알리는 역할을 한다.

운반되어온 에너지작물량을 측정하기 위해 사무실 옆에 차량과 작물의 무게를 함께 측정하는 저울이 지하에 설치되어 있다. 즉 계근대가 있어서 들어갈 때와 나갈 때 무게를 측정한다. 이것은 이동차량이 한 번에 다 들어설 수 있도록 크게 설치해야 한다. 또한 플랜트시설 내부나 주변으로 큰 차량이 들어와서 한 바퀴 자연스럽게 돌고 나갈 수 있도록 길을 잘 깔아 놓아야 한다. 조금 떨어진 뒤편에는 비상시를 대비해서 빗물이나 사일로에서 나오는 침출액 또는 소화액을 일시적으로 저장할 수 있는 별도의 연못이 있다. 이 물은 화재비상시에 사용될 수도 있다. 또는 보통 사일리지 저장조에서 나오는 침출액은 바로 가축분뇨저장조로 유입되게 되어 있다. 그리고 소화조 사이에 원료 및 가스이송배관을 색깔별로 구분해 놓은 것을 볼 수 있다. 비용절감과 수리이유로 보통 지상에 설치되어 있다. 부지의 면적을 효율적으로 이용하고 배송라인 비용을 줄이기 위해 소화조들을 보통 바짝 서로 붙여 놓는다. 각각의 소화조에는 압력안전장치, 소화액량 측정 및 최고 및

그림 1-22 가스저장조의 가스량을 측정하는 장치

이 장치로 CHP의 가동을 조절할 수 있다. 예를 들면 줄에 쇠가 묶여 있는데 이것이 자석이 있는 센서를 지나치게 되면 전기 시그날이 중앙 통제실이나 CHP로 전달된다.

최저높이 안전장치 그리고 거품센서가 설치되어 있고 안을 볼 수 있는 창문이 있으며 비상시 소화조 안으로 들어갈 수 있는 원형의 문(80cm 지름)이 설치되어 있다. 또한 온도나 pH값을 측정하고 또는 교반기를 수리할 수 있도록 계단 및 작업 공간이 설치되어 있다. 보통 온라인으로 온도를 측정하고 경우에 따라 pH도 온라인으로 측정한다. 부분적으로 CHP와 연결하는 가스배관을 지하에 두고 온도를 낮춤으로써 가스의 수분을 제거한다. 보통 소화조 위에 있는 멤브레인 가스저장조를 통해 가스를 저장하고 공기를 계속 주입해서 가스저장조 위에 있는 또 하나의 덮개를 팽팽하게 유지하여 날씨의 영향을 줄인다.

보통 멤브레인 가스저장조에 가스가 차서 부풀어 오르면 옆에 설치되어 있는, 가스저장조와 연결되어 있는 줄이나 막대기가 함께 올라가 발생된 가스량을 측정할 수 있도록 한다. 보통 가스저장조의 크기는 여섯 시간이나 하루 가스생산량을 저장할 수 있는 크기로 정한다. 3~5%의 공기를 다이제스터 안으로 주입해서 O_2를 이용하는 박테리아를 통해 H_2S를 제거한다. 이런 박테리아의 서식에 도움을 주기 위해 플랜트 천장에 나무로 된 틀을 만들어 놓기도 한다. 저장탱크나 저장조의 크기결정은 사용량에서 변동가능성을 고려해 넉넉하게 하는 것이 보통이다.

원료를 잘게 자르고 골고루 섞어서 잘 보관하는 것이 혐기성 소화에 긍정적 영향이 있고 결국 가스생산량에 상당한 영향을 미치기 때문에 이것을 잘 고려해야 한다. 혐기 소화조는 당연히 가스나 물이 새어 나가지 않도록 해야 하며 특히 소화조의 콘크리트 벽이 각종 유기산과 황산에 의해 부식되지 않도록 에폭시 성분의 물질로 코팅하는 것이 중요하다. 가스가 위로 잘 빠져 나가게 하고 원료를 잘 섞으며 원료의 온도를 똑같이 하고 뜨는 층과 가라앉는 층을 없애기 위해 주요 위치에 적절한 교반기를 크기에 따라 두세 대 두어 교반을 시킨다. 보통 시간당 몇 분씩 주기적으로 교반을 시킨다. 만약에 모래나 불순물이 소화조에 계속하여 가라앉는다면 소화조 바닥에서 이들을 빼낼 수 있는 장치를 사전에 설치해두어야 한다. 보통 원료를 소화조에 주입하게 되면 그 압력에 의해 자연적으로 후속 소화조에 이송배관을 통해 이동하게 되는데 원료특성에 따라 자주 막히기도 한다. 이러한 것을 대비해서 공기나 물을 주입하여 문제를 해결할 수 있도록 해야 한다. 또는 가스배관에 물이 차서 문제가 생길 수 있기에 당연히 물이 빠져나갈 수 있도록 하고 또는 펌프로 주기적으로 쌓인 물을 빼내야 한다. 가온은 보통 온수로 하는데 온수배관을 소화조 콘크리트 벽 안에 넣어(또는 소화조 안의 벽면에 부착하여) 코일처럼 소화조 벽을 감싸게 한 후 가온을 하게 된다.

소화액저장조의 크기는 보통 법으로 규정되어 있는데 독일에서는 6개월 내지는 8개월 동안 하루에 생산되는 소화액을 저장할 수 있도록 크게 지어야 한다. 이때 후속 소화조도 소화액저장조로 인정이 된다. 유기성 폐기물을 함께 처리하는 통합소화시설의 경우에는 여기에 몇 가지가 더 추가되어야 할 장치들이 있다. 유기성 폐기물 반입 저장조, 분쇄 및 불순물 제거 장치, 70도에서 한 시간 동안 가열하는 살균장치 등이 필요하다. 유기성 폐기물 처리는 위생상 그리고 냄새문제로 철저히 별도의 밀폐된 공간에서 별도의 펌프와 배관을 통해 처리되어 살균되어야 한다. 그 이후 소화조로 들어가기 전 에너지곡물이나 가축분뇨와 섞여서 함께 소화조로 들어가거나 아니면 바로 소화조에 들어가게 된다. 70도에서 살균을 했을 경우에는 온도를 낮추어서(예를 들면 열교환기를 통해) 소화조에 원료를 넣게 된다.

15. 바이오가스 생산공정 제어

안전한 공정의 진행과 제어를 위해 몇 가지 주기적으로 온라인 또는 오프라인으로 점검해야 하는 것들이 있다. 그 이유는 평상시의 관리비용이 한 번의 공정 정지 때의 손실보다 크게 적기 때문이다. 예를 들면 온라인으로 온도, pH값, 원료량 대비 가스량, 메탄, O_2, CO_2, H_2S 등을 측정할 수 있다. 오프라인으로는 유기산과 그 완충능을 대변하는 유기산/완충능(FOS/TAC), NH_3 그리고 미네랄 등을 분석한다. 일반적으로 완충능력을 높이기 위해 가축분뇨투입을 할 수 있다. 또한 몇 가지 주요 공정 인자로 원료가 소화조 안에 머무는 시간(체류시간) 그리고 유기물부하량(organic loading rate, kg VS/(m³ d), VS Volatile solid)이 있다. 이 값은 보통 원료에 따라 2~5가 적절하며 별도의 영양소 공급과 함께 10 이상까지 올라가기도 한다. 또한 원료의 분해속도 특성에 따라 원료의 체류시간은 20~70일까지 그 최적시간이 다양하다. 이 시간은 바로 소화조의 규모를 정하는 데 이용된다. 또한 시간에 따른 CHP의 전기생산량을 통해 공정의 성능을 체크하기도 한다. 요즘은 더 나아가 생물학적 조사를 하면서 전체 박테리아의 수 대비 메탄미생물 수를 측정하거나 분자생물학적 방법을 이용하여 미생물의 종류와 그 수를 분석하여 공정의 효과적 운용을 유도하기도 한다. 또는 F420 효소의 자가형광 정도를 보고 박테리아의 활동성을 파악하려 하기도 한다.

16. 바이오가스플랜트 문제점들

바이오가스플랜트에서 문제와 고장을 사전에 완전히 제거하는 것은 불가능한 일이다. 그렇지만 가스와 전기를 다룬다는 점에서 규정 및 기술상의 안전장치가 필요하며 주기적 점검이 필요하다. 모든 기계와 부품은 교체와 수리를 대비해야 하고 정상적으로 작동하는지 항상 점검해야 하고 그렇지 못하다면 교체해야 한다. 이러한 일상 점검 및 수리비용이 한 번의 문제로 인해 바이오가스 생산공정이 정지되었을 때의 손해보다 훨씬 적기 때문에 이러한 점검 및 수리비용을 계획 당시부터 비용으로 책정해 놓아야 한다.

독일에서는 일단 바이오가스가 시간당 20m³ 이상 생산될 때 CHP의 고장을 대비해 가스를 연소시키는 시설을 별도로 두어야 한다.

그림 1-23 CH₄의 폭발로 형체가 사라진 플랜트

또한, 전기생산이 100kW 이상일 때는 그에 따른 안전장치가 있어야 한다. 바이오가스는 연소성으로 6~12%의 공기와 섞일 때 폭발 가능성이 있다. 그래서 밀폐된 공간, 예를 들면 CHP실, 가스정제실, 또는 사무실 등에 가스누출감지장치를 설치해야 한다. 또한 바이오가스가 새어 나올 수 있는 곳을 예상하여 여러 가지 폭발안전조치를 규칙대로 취해야 한다.

기본적으로 바이오가스플랜트의 모든 부분이 잘못되거나 문제가 발생할 수 있다. 독일에서도 바이오가스플랜트가 폭발한 경우도 있고 가스가 새는 문제, 기계들이 녹슬어 버린 문제, 원료주입기가 망가지고, 원료가 새는 문제, 벽이 부식되는 문제, 교반기가 부러진 문제, 배관이 막히는 문제, 원료가 넘쳐 흘러버린 문제, 거품문제, 가스저장조나 덮개가 날아가 버린 문제 등 여러 가지 문제가 발생했다. 특히 지하에 설치되어 있거나 밀폐된 공간의 부품수리 시 H₂S로 인한 질식, 사망사건은 종종 일어나고 있다. 주원인은 부적합한 플랜트 설계, 부적합한 플랜트 건축설비회사(부실한 공사와 재료와 기계), 부적합한 플랜트운영자, 부적합한 플랜트 안전점검 등이다. 통계상으로 나타난 문제에 대한 원인은 다음과 같다.

　플랜트설비(탱크, 교반기, 혐기 소화조 구조, 가스저장조 등)와 그 기능(성능)에 대한 거짓보고, 여러 가지 이유로 인한 화재발생(뜨거운 물체와의 간격이 너무 좁음, 뜨거운 배기가스라인과 나무로 된 물체 사이 간격이 좁음, 기름배관에 손상이 갔음, 뜨거운 배기가스라인에 가스가 샘), 폭풍으로 가스저장조가 날아감, 폭풍이나 폭설에 대한 대비가 없거나 부적합함, 창문이나 가스라인에 가스가 샘, 가스저장조에 가스가 샘, 부적합한 공사 및 설치(원료이송배관, 가스배관, 부적합한 수리 및 유지로 모터가 상함, 바이오가스 분석기가 없음), 운영상의 실수(너무 많이 원료를 주입함), 혐기 소화조에 적합한 가스 밀봉을 하지 않음, 부족하거나 부적합한 안전장치(기름이 새어 나왔을 경우 받아 놓는 조, 가스, 원료저장조), 잘못된 재료 선택(건축 및 설비), 잘못된 전자기기(문제 발생 시 대책이 없거나 잘못됨), 무자격자에 의한 시공으로 인해 문제가 발생했다. 독일에서는 플랜트의 안전책임은 플랜트설계자, 플랜트시공자가 아니라 플랜트주인이 책임을 지게 되어 있다. 그래서 플랜트주인이 안전점검 및 교육, 안전조치(위험요소 제거, 알림 및 대책마련)를 책임지고 점검해야 한다. 다음과 같은 의무에 대한 소홀함에서도 문제가 발생했다. 플랜트 관련 폭발안전자료 설치, 위험정도판단 및 기록, 바이오가스플랜트 안전기술에 따른 평가 및 위험정도판단, 플랜트운영가이드북 설치(예 : 응축수저장통, 지하 설치물, 용접자격증 등), 보수 및 수리에 대한 계획서 및 진행표(가스가 새는지 조사 등), 직원, 관련 회사직원 및 방문자에 대한 안전교육 및 조치, 그리고 지역소방소와의 협력 등에 관한 것들이다. 안전한 바이오가스플랜트의 시공과 운영을 위해 다음의 몇 가지 대책들이 필요하다.

계획단계에서 설계자나 제3자로부터 제공되는 건축과 엔지니어링에 대한 인정된 안전규칙을 따라야 한다. 건축, 설비에 대해 보장을 할 수 있고 거기에 따른 전문자료와 운전가이드북을 내놓을 수 있는 회사에 건축 및 설계를 맡겨야 한다. 제3의 전문가로부터의 모니터링 및 컨트롤을 건축단계에서부터 받아야 한다(시범운전 및 운행 시 볼 수 없는 것들이 건축단계에 있음). 제3의 인증된 전문가로부터의 안전규칙에 따른 조사와 문제 발생 시 시행된 대책점검 및 그것에 대한 책임 있는 서명을 할 수 있도록 해야 한다. 적어도 2년마다 종합적이며 집약적이고 반복되는 플랜트운전자교육을 해야 한다. 모든 플랜트 설치장비 및 건축물에 대한 보수 및 수리를 계획단계부터 비용으로 정해놓고 주기적으로 책임 있게 시행해야 한다. 그리고 안전문제 발생 시 책임에 대한 명확한 설명을 미리 해야 한다.

17. 바이오가스플랜트 법규

독일에는 바이오가스플랜트 관련 여러 법규들이 있다. 설계, 건축, 물보호, 자연보호, 쓰레기, 비료, 환경, 위생에 관한 법규들이다. 플랜트의 규모와 원료의 종류에 따라 일반적인 건축법 또는 환경규제법의 규제(쓰레기 하루당 10톤 이상인 경우 또는 2,000마리 이상의 돼지사육인 경우 또는 2,500m³ 이상의 가축분뇨저장 또는 전기와 열포함 1MW 이상인 경우)를 받게 되는데 보통 규모가 크거나 환경오염의 가능성이 있을 경우는 규제가 까다롭고 시간과 경비가 많이 드는 환경규제법의 영향 안으로 들어가게 된다. 일반적인 건축법은 주마다 다르다. 환경 규제는 공기오염, 소음, 냄새에 대한 조사와 규제가 있다. 그리고 거기에 환경영향평가를 받게 된다. 원료가 폐기물인 경우는 유기성 폐기물 관련법과 유럽위생법의 규제를 받게 된다. 비료에 관해서도 유럽위생법, 비료법, 바이오폐기물법, 가축분뇨관련법 등의 통제를 받게 된다.

한국에서도 원료에 대해서 가축분뇨관리 및 이용에 관한 법률, 폐기물관리법, 바이오가스플랜트에 대해서 신재생에너지 개발 이용 촉진법의 규제를 받는다. 시설의 설치 및 인허가에 대해서 국토의 계획 및 이용에 관한 법률, 도시계획시설의 결정 구조 및 설치기준에 관한 규칙, 환경정책기본법, 농지법, 건축법의 규제를 받는다. 환경영향성 검토 및 평가에 대해서 환경정책기본법, 환경영향평가법의 규제를 받는다. 시설 설비 및 운영기준에 대해서 가축분뇨 및 이용에 관한 법률, 폐기물관리법, 도시계획시설의 결정 구조 및 설치기준에 관한 규칙, 전기사업법, 집단에너지사업법, 고압가스안전관리법 등을 따라야 한다. 그리고 액비에 대해서 가축분뇨관리 및 이용에 관한 법률, 가축분뇨의 자원화 및 이용촉진에 관한 규칙, 폐기물관리법, 비료관리법, 비료공정규격의 규제를 받게 된다. 여러 가지 법들이 있는 관계로 플랜트주인은 어떠한 책임과 의무가 있는지 전문가로부터의 사전교육을 받는 것이 중요하며 그 이후의 진행도 전문업체로부터 관리를 받게 해야 한다. 여러 가지 법이 있는 이유가 있을 것이다. 하지만 반대로 많은 법은 더 많은 시간과 비용을 초래하기도 한다.

독일에서 바이오가스 붐이 일어날 수 있었던 이유 중 하나가 지방정부 자치단체들이 현장의 엔지니어와 설계자와의 밀접한 관계 속에서 바이오가스허가관련법을 단순화시켰다는 것이다. 여러 가지 연결되는 다른 플랜트 분야를 규제하는 법들이 있을 수 있겠지만 바이오가스플랜트만의 독특성도 있다. 그리고 여기에 연결되는 기술들이 계속 발전되고 있다. 이러한 플랜트와 기술을 올바로 이해하고 정확한 기준에 의해 허가를 내주기 위해서는 지자체 행정 관리들이 이러한 발전되는 기술을 계속 배워야 하고 현장과 정보를 교환하는 것이 필수이다. 이러한 맥락 속에서 한국에서도 바이오가스 관련법이 제정되고 그 허가절차가 알차고 효율적이면서도 단순화되는 것을 기대해본다. 특히 새로운 법이 나왔을 때 기존의 법과 상충되는 부분이 발생되는 면이 적지 않다. 예를 들어 독일에서 바이오가스를 정제한 이후 바이오메탄을 기존의 도시가스라인에 집어넣으려고 했을 때 여러 가지 법적·기술적·경제적(기득권) 충돌이 일어나는 모습을 종종 볼 수 있었다. 만약 이런 것들이 한국적 상황에 맞게 잘 해결되고 새로운 법적 틀이 제시된다면 독일의 재생에너지법 못지않게 국제적으로 좋은 사례가 될 수도 있을 것이다.

18. 독일의 재생에너지법

독일의 재생에너지법은 재생에너지로부터 생산된 전기의 사용과 그에 따른 보상지원에 관한 것이다. 보상이란 것은 환경보호 및 온실가스 감소라는 목적하에 기존의 화석에너지사용과 비교했을 때 재생에너지를 시행했을 경우 나타날 수 있는 경제적 손해를 보상한다는 것이다. 이것은 2000년도에 시작되어 2004년과 2009년 시장형성에 초점을 맞추어서 개정되었다. 이 법은 재생에너지로부터의 전기생산에 관하여 대단한 영향을 미쳤다. 특히 두 번의 법 개정은 바이오가스분야 산업의 발전에 상당히 긍정적 영향을 끼쳤다. 2012년에 또 한 번의 법 개정이 발표되었는데 이전의 내용을 단순화하고 투명화하는 데 초점을 두었고 무분별한 보너스지원을 경계하며 자연보호에 더욱 초점을 두어 개정하게 되었다. 이 법은 바이오가스플랜트에서 생산되는 전기를 공공의 전선라인에 공급할 경우에 적용되는 기본요금(ct/kWh)을 정했다. 이것은 플랜트의 운전시작 해당년도로부터 20년 동안 지급되게 되어 있다. 예를 들면 2012년 개정법이 발표되는데 2012년 플랜트가 지어져서 운전이 시작된다면 이 개정법의 영향을 받게 된다. 그 전에 지어져서 운전이 시작된 플랜트는 플랜트운행 시작년도에 따라 2004년 또는 2009년 개정법의 영향을 받게 된다. 그러나 개정법 발표연도로부터 매년 1%(2004년, 2009년 개정법) 또는 2%(2012 개정법)씩 그 요금과 보너스가 줄게 된다. 즉 2013년 지어져서 운행이 시작된 플랜트는 2012년도 운행이 시작된 플랜트보다 2% 줄어든 혜택을 20년간 받게 된다. 2009년도 개정법에는 기본요금 외에 기술보너스(새로운 기술, 가스정제기술이 적용되었을 때의 보너스), 열이용보너스, 가축분뇨보너스, 에너지곡물보너스, 공기정화보너스, 경관용식물이용보너스를 더 받게 된다.

이러한 각각의 요금과 보너스를 받기 위해서는 해당되는 내용을 증명해야 한다. 이러한 요금과 보너스는 플랜트 크기에 따라 그 양이 구분되어 있다. 2012년 개정법에는 기본요금 이외에 보너스에 관해서 변경을 주었다. 원료에 대해서 두 가지로 구분했는데 첫 번째가 에너지곡물 보너스이고 두 번째가 환경에 긍정적 영향을 주는 원료에 관한 보너스이다. 그리고 유기성폐기물플랜트 보너스가 새로 생겼다. 그리고 가스정제보너스이다. 특히 전기판매 시 기본요금으로서 가축분뇨만을 처리하는 플랜트에 대한 상당한 특혜를 부여했다. 또한 열이용, 옥수수와 곡물이용의 제한, 에너지 효율향상이라는 관점이 적용되었다. 그 밖에도 재생에너지법에는 직접 또는 간접적인 플랜트투자지원에 관한 것이 있다. 또한 시장지원에 관한 프로그램 등이 있다. 현재까지의 바이오가스사업은 정부의 의도적 지원하에 그 경제성이 보장될 수 있었다. 그러나 앞으로는 정부의 지원 없이도 플랜트경비의 감소와 기술효율증대로 경제성이 보장되는 시대를 꿈꾸어야 하지 않을까 생각해본다.

19. 바이오가스플랜트 비용절감

바이오가스플랜트의 경제성을 말할 때 여러 가지 요소가 있다. 변함없는 가장 중요한 원칙은 주어진 제한된 재료와 조건으로 최대한의 효과와 목표를 달성하는 것이다. 플랜트를 지을 때 높은 투자비용이 들어간다. 그때 행정절차, 경제절차, 기술절차 등을 주의 깊게 검토해야 한다. 플랜트 크기결정, 공정선정 및 플랜트위치선정은 가장 기본적이면서 가장 크게 성공에 영향을 미치는 세 가지 요인이다. 여기에 주어진 원료와 조건, 부지, 인력과 자금 등을 맞추어야 한다. 건축단계에서 위에서 언급된 계속적인 세 가지 절차의 조절을 통해 비용을 줄이는 것이 중요한 과제가 된다. 에너지곡물사용 플랜트로 보통 100kW 이하의 크기는 kW$_{el}$당 3,000에서 6,000유로로 비용을 예측할 수 있다. 그 이상의 플랜트는 kW$_{el}$당 보통 2,000~3,000유로 정도 계산이 된다. 플랜트의 경제적인 성공을 위해서는 끊임없는 비용절감 및 더불어서 프로세스효율증가, 그리고 주어진 설비의 최대한 이용 등이 중요하다. 에너지곡물플랜트에서 운영비의 가장 많은 부분을 차지하는 것은 에너지곡물을 사들이는 원료비용이다. 그래서 해마다 변동되는 에너지곡물가격의 영향을 많이 받게 된다. 그래서 원료에 대한 안정적이고 장기적인 확보가 계획단계에서 중요하다. 즉 원료의 수확 및 안전한 저장(저장단계에서의 손실을 줄임), 가축분뇨 이용, 가스생산율, 메탄생산율, 소화액저장조에서 나오는 잔여가스의 저장, 열이용, 안전한 운전, 최대의 CHP 이용, 쓰레기 반입비 등에서 플랜트의 경제성을 높일 수 있다. 정직하고 주도면밀한 운전이 중요하며 문제가 없을 수는 없기에 문제를 최대한 빨리 발견하여 사전 제거하는 것이 중요하다. 이것을 위해 정규적인 수리 및 보존이 중요하다. 일일 유지를 위한 작업시간은 플랜트에 따라 하루당 30분에서 5시간 등 다양하다. 인력비용을 줄이기 위해서 계획단계에서 플랜트운전자로부터의 피드백을 바탕으로 플랜트자동화가 중요하다. 앞으로 계속하여 플랜트 효율을 증가시키는 데 더 많은 노력과 연구가 필요하다.

Chapter 2

바이오가스
프로젝트

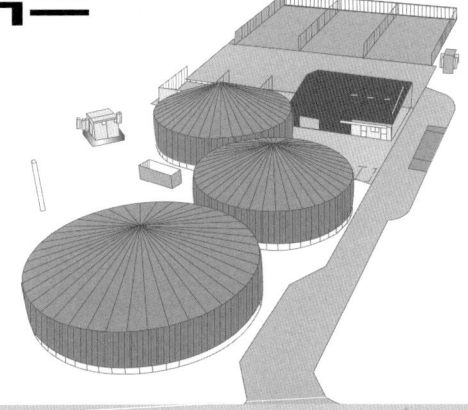

BIOGAS MASTERPLAN

2

Chapter

바이오가스 프로젝트

1. 바이오가스 프로젝트

1) 일반적인 프로젝트 진행원리

프로젝트의 가장 중요한 원칙은 주어진 한정된 재료를 가지고 가장 경제적이고 효율적인 플랜트를 짓고 운영하는 것이다. 바이오가스플 랜트는 다양한 원료의 양적 또는 질적인 변화에 따라 또는 에너지필 요변화에 따라 가장 적은 비용으로 적절히 대응하여 전기, 열과 가스 를 안정적으로 최대한 생산하고 공급하는 것이 그 목적이 된다. 적은 운전비용은 주어진 원료를 가장 효율적으로 처리하며, 운전, 유지관 리, 안전, 환경보호장치에서 비용의 절감을 이룰 때 가능해진다. 또한 투자비용을 줄이는 것은 정해진 목표에 맞게 플랜트를 설치할 때 그 것을 위한 연구개발 및 계획을 수행하고 건축비용을 줄임으로써 가 능해진다. 서로 상반되는 여러 요구사항 가운데 빠른 시간 내에 절충 점을 찾는 것이 그 프로젝트의 예술이라 할 수 있을 것이다. 프로젝 트의 과정은 보통 크게 다섯 가지 단계로 나눌 수 있다. 세 가지 사

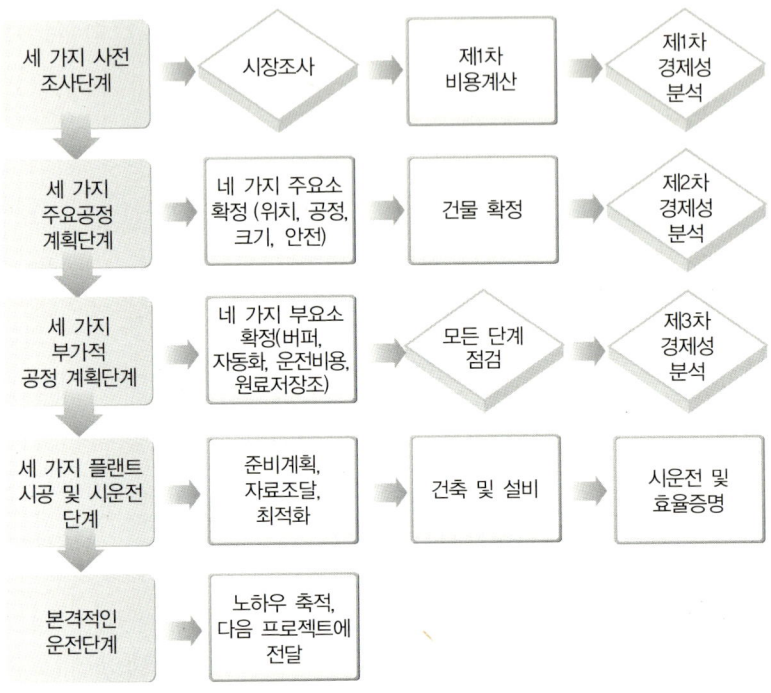

그림 2-1 프로젝트 진행도

마름모꼴의 경제성 분석과 조사 및 단계점검에서 부정적인 결과가 나오게 되면 프로젝트를 진행할 수 없다.

전조사단계, 세 가지 주요 공정계획단계, 세 가지 부가적 공정계획단계, 세 가지 플랜트 시공 및 시운전단계 그리고 본격적 운전단계이다. 먼저 세 가지 사전조사단계이다. 이것은 시장조사(여기서 마이너스가 나오면 프로젝트는 이루어질 수 없음), 제1차 전체 비용계산, 플랜트경제성 계산(여기서 마이너스가 나오면 프로젝트는 이루어질 수 없음)로 이루어진다. 세 가지 주요 공정계획단계는 네 가지 주요소 확정(플랜트 위치, 공정, 플랜트 크기, 안전장치), 건물확정, 제2차 경제성 분석(여기서 마이너스가 나오면 다시 한 번 첫 번째 플랜트경제성 계산으로 돌아가야 함)이다. 세 가지 부가적 공정 계획단계는 네 가지 부요소 확정(버퍼탱크, 자동화정도, 부분운전 및 시운전에 대한 비용, 원료저장조(처리 전·후), 모든 단계 점검(여기서 마이너스가 나오면 다시 한 번 첫 번째 플랜트경제성 계산으로 돌아가야 함), 제3차 경제성 분석(여기서 마이너스가 나오면 다시 한 번 첫 번째 플랜트경제성 계산으로 돌아가야 함)이다. 세 가지 플랜트 건축 및 시운전단계는 준비계획 및 자료조달 그리고 그것의 최적화, 건축 및 설비, 시운전 및 보장된 효율증명이다. 그리고 마지막으로 본격적인 운전단계이다. 여기서 나오는 경험은 그 다음의 프로젝트 진행에 자료로 다시 이용되어야 한다.

보통 제3차 경제성 분석까지의 과정은 예상외로 많은 경비가 든다. 그러기 때문에 경비를 줄이기 위해 이것을 효과적으로 진행하기 위한 전문가집단이 필요하다. 제3차 경제성 분석이 통과되면 건축이 시작이 된다. 이때는 설계자, 설비자, 건축자 등 다양한 경험과 분야의 사람들이 모이기 때문에 여러 가지 문제와 이견이 발생할 수 있고 그에 따른 경비와 시간도 소요된다. 이 단계에서의 목표는 최대한 서로 간의 경험을 잘 조화시키고 조정해서 그 비용과 건축시간을 최대한 줄이는 것이 된다. 이 과정에서 전체투자비용뿐만 아니라 나중의 운전비용에 영향을 미치는 크고 작은 기술적 상업적 많은 결정을 해야 한다. 보통 하나의 플랜트를 계획하고 설계하는 데 플랜트크기에 따라 수백에서 수천 시간의 계획시간이(엔지니어 작업시간) 소요되고 이것은 전체 투자비용의 8%에서 25%가 될 수 있다. 따라서 효과적인 계획(검토, 조사, 여러 옵션, 계산, 도면, 기술사양 등)이 전체 비용을 줄이는 데 상당한 영향을 미칠 수 있다.

2) 바이오가스 프로젝트

위의 내용을 바탕으로 바이오가스플랜트 프로젝트에 관해 좀 더 구체적으로 설명하면 다음과 같다. 먼저 건축주는 스스로 또는 연구기관의 도움으로 프로젝트사전계획단계에서 몇 가지를 고려해야 한다.

　장기적으로 공급이 가능한 원료를 조사하고, 다른 유사한 바이오가스플랜트를 견학하여 장단점을 비교하고 운영에 대한 노하우를 들어보며(이것은 건축을 설계할 때 건축주와 운영자의 요구사항으로 들어갈 수 있다. 결국 플랜트운영자의 편리와 마음에 들어야 함), 허용 가능한 본인의 노동시간, 기업 형태, 자본금, 추가인력의 필요성 고려, 열이용 가능성 점검, 자본형성의 가능성에 대하여 고려해야 한다. 이런 과정을 통해 바이오가스플랜트가 하나의 기업으로서 성공할 수 있을지 점검하고, 그것을 위해 여러 바이오가스플랜트시설로부터 경험들을 조사하고 거기에 해당되는 각각의 기계설비들을 알아보는 것이다. 여기서 어느 정도 긍정적인 결과가 나오게 되면 전문가의 조언을 들어봐야 한다(Feasibility study). 또한 경험 있고 실력 있는 플랜트설계자에게 의뢰해서 구체적으로 그 지역농업과 행정단체와 기업체와 연관해서 다음과 같은 내용을 조사해야 한다. 즉 지역의 행정절차와 시장과 인프라(에너지구조/공급과 수요) 그리고 지역사회와 자연환경과 연관해 먼저 재생, 지속성이 가능한지 살펴보아야 한다. 그 다음 가능한 원료확보 및 처리에 대한 조사를 해야 한다. 그리고 플랜트 위치선정인데 다음을 고려해야 한다. 소유농장, 경작지/원료 및 소화액운송, 기존구조, 전기라인, 가스라인, 연간 열수요, 전기수요, 플랜트확장 가능성, 법적으로 정해진 거리차/간격, 주민반응, 현장자본융자가능성 등을 조사해야 한다. 또한 플랜트 크기와 형태는 다음을 고려해서 조사해야 한다. 사용가능한 원료와 양, 사용가능한 소화액과 양, 전기 및 열수요, 사용가능한 면적, 사용가능한 인력, 사용가능한 자본, 안전규칙 등을 고려해야 한다. 프로세스 및 설비선정은 다음을 고려해야 한다. 가용자본, 가용운전비용, 가용원료/교체가능성, 확장가능성, 검증된 기술, 가능급여, 유지, 수리바기계의 유효기간 등이다. 그리고 전기, 열, 가스이용 등에 대해서 조사한다. 또한 예측비용과 함께 융자가능성 그리고 경제성 계산 등의 조사를 의뢰하는 것이다. 이 과정을 두 군데 서로 독립된 전문가를 통해서 의뢰할 수 있고, 아니면 두 단계로 구분해서 진행함으로써 경비를 줄이고 효율성을 증대시킬 수 있다. 이런 계획 및 조사단계가 긍정적인 결과로 나오게 된다면 전문회사를 통해 법적인 허가절차를 밟아야 한다. 허가에 필요한 각종 자료를 만들어야 하고 여러 관련기관들을 통해 필요한 검증을 밟아야 하고 그 결과와 준비한 서류들을 해당관청에 제출해야 한다. 허가가 나오게 되면 건축을 위한 세부준비계획 및 재료조달계획, 건축시간계획, 행정조직, 건축 안전, 비용 콘트롤 및 기록 등이 진행되어야 한다. 이 건축계획이 마무리되면 건축과 설비가 시작된다. 이때에 외부전문가를 통해 안전 및 기술검증에 대해 지속적으로 점검 및 기록을 하도록 해야 한다. 건축주도 계속 주기적으로 방문하여 건축일기 및 사진촬영으로 건축 진행 및 비용 등을 컨트롤해야 한다. 이때 프로젝트매니저를 통해 합리적인 정보전달과 협력으로 건축시간과 비용을 최대한 줄여야 한다. 건축이 완성이 되면 모든 설비에 대한 시운전 및 사전 보장된 효율을 증명하고 운전자교육 및 운전 및 안전안내서를 제공해야 한다. 이때에 사후에 발생될 문제를 예상하여 수리 및 점검에 대한 교육 및 대책도 준비해야 한다. 시운전 시에는 모든 기계를 시운전함으로 그 기계의 성능을 파악하고 보증된 기계안내서대로 잘 작동되는지 점검해야 한다. 어느 정도 바이오가스플랜트가 잘 가동이 된다면 생물학적, 화학적 분석뿐만 아니라 생산되는 전기 및 열과 실제로 드는 비용 등을 고려해서 손해이익계산 및 그 효율성을 증명해야 한다. 또한 필요하다면 최적화하는 작업까지 마무리해야 한다. 그리고 주기적으로 운전자의

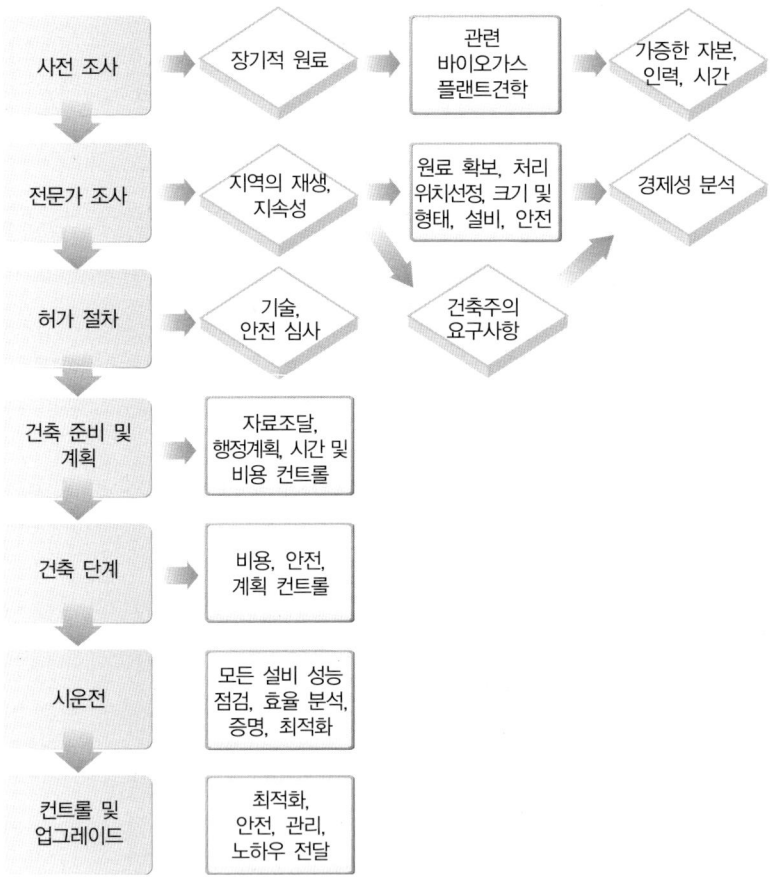

그림 2-2 바이오가스 프로젝트의 일곱 단계

마름모꼴에서의 점검 및 평가로부터 부정적인 결과가 나오게 되면 프로젝트를 진행할 수 없다.

피드백을 통해 그 노하우를 다음의 프로젝트에 반영해야 될 뿐만 아니라 온라인 프로세스점검을 통해 프로세스의 효율성을 계속하여 점검 및 최적화해야 하며, 주기적인 플랜트 안전교육도 뒤따라야 한다.

3) 바이오가스플랜트 설계의 예

한 단계 더 구체적으로 들어가서 원료 등이 어느 정도 결정되고 바이오가스플랜트 건축에 대한 관심이 표명된 이후 바이오가스플랜트를 대체적으로 계획할 때의 예를 들어보기로 하겠다. 여기서는 건축, 엔지니어링 등에 관한 세밀한 부분은 제외한다. 말하자면 그림 2-2에 나타난 전문가 조사단계의 한 부분이다.

먼저 사용가능한 원료의 종류와 양을 가지고 일간 그리고 연간 생산가능한 바이오가스량을 계산한다. 바이오가스량과 CHP의 생산효율을 가지고 플랜트의 능력 즉 킬로와트(kW)를 계산한다. 여기서 또한 중요한 것이 메탄할당량(%)이다. 이것은 후에 플랜트의 경제성 계산에 계속 이용된다. 원료의 양과 체류시간(분해속도를 바탕으로)을 가지고 플랜트의 크기를 결정한다. 여기서 메인플랜트와 후속플랜트 그리고 소화액저장조의 크기(저장기간을 바탕으로)가 결정된다. 독일에서는 후속플랜트도 하나의 저장조로서 인정된다. 이때 또 고려해야 될 것이 OLR(organic loading rate, 유기물 부하량)이다. 원료나 프로세스에 따라 다르지만 이것이 3 또는 5 이상이 될 경우, 유기산 농축에 의해 프로세스가 위험해질 수 있다는 것이다.

또한 건조중량에 따른 펌핑과 교반가능성을 고려한다. 이 단계에서 결정해야 되는 것이 원료의 혼합을 통해 CHP의 kW(CHP용량 설정)를 높여야 한다든지(즉 플랜트 경제성 향상), 원료의 종류를 바꾸어서

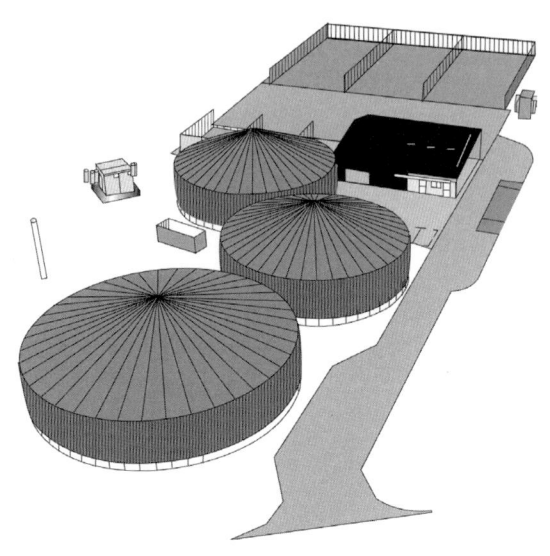

그림 2-3 500kW 농가형 바이오가스플랜트의 전형적인 모형

CHP의 kW는 높이지만 플랜트 크기는 줄인다든지(즉 플랜트 비용감소) 등의 것이다. 그 다음 보는 것이 원료를 소화시켰을 경우 남게 되는 영양소 분석이다. 즉 N(질소)과 P_2O_5(인) 그리고 K_2O(칼륨)이다. 원료의 종류와 양에 따라 계산을 하게 된다. 이것은 해당되는 지역의 땅의 영양소 필요량과 비교하여 비료로 뿌릴 수 있는 양을 계산하게 된다. 즉 비료가 필요한 농경지의 면적이 계산이 된다. 여기서 직접 뿌릴 수 없는 영양소는 비료로 시장에 팔 수 있는 통로를 알아보아야 한다.

여기서 또 한 가지 고려되는 것이 NH_3(암모니아) 농도이다. 이것은 원료와 온도와 pH값에 따라 계산하게 된다. 암모늄은 좋은 비료가 되지만 한편으로 그것의 기체 상태인 NH_3는 박테리아의 생태에 독이 됨으로 주의해야 한다. 그 다음 가능한 플랜트 건축, 설비와 비용들을 정하게 된다. 주로 과거 이용되었던 자료를 이용하게 되고

표 2-1 500kW 농가형 바이오가스플랜트 기준 시 여러 설비들의 가격 예

CHP(526kW)	400,000
토지(300x300m^2)	280,000
소화액저장조(4825m^3)	265,000
소화조(2078m^3)	190,000
후속 소화조(2078m^3)	185,000
원료주입기	102,000
사일로	100,000
플랜트 자동화 및 원료 분배기	100,000
변압기 및 전선연결	100,000
멤브레인 가스저장조(2×30,000)	60,000
멤브레인 가스저장조(후속 소화조)	60,000
파이프라인 및 펌프	60,000
휠로더	60,000
사일로 벽	50,000
토목	45,000
컨설팅, 설계 및 허가	40,000
저울	35,000
가스 플레어(Gas flare)	28,000
조경	20,000
합계(단위 : 유로)	2,180,000

이것과 원료비용을 바탕으로 경제성 분석을 하게 된다. 이 플랜트가 경제성이 있는지 없는지, 또는 경제성이 있다면 몇 년 안에 원금을 상환할 수 있는지를 분석한다. 여기서 고려되는 것이 생산되는 열을 판매했을 때의 수입이다. 또한 전기를 판매했을 시 국가지원 보너스를 통해 얼마의 수입이 가능한지를 계산한다. 경제성 분석은 '2. 바이오가스 경제'부분을 참조하면 된다. 이런 가운데 서너 개의 가상 플랜트모델을 만들어서 각각의 경제성과 실현성 분석을 한다. 그 가운데 가장 적절한 모델을 찾는 것이다. 이때 건축주의 희망사항도 고려된다.

4) 하수처리장과 음식물쓰레기 소화

음식물쓰레기가 하나의 재생에너지 원료가 될 수 있는지는 그것의 재생성, 환경친화성에 비추어 평가되어야 한다. 음식물쓰레기가 계속 생산된다는 점에서 재생, 지속성이 있다 볼 수 있겠지만 엄격하게 본다면 음식물쓰레기도 하나의 쓰레기고 쓰레기는 줄일 수 있다는 점에서 볼 때 순수하게 재생적이라고 보기 힘들다. 또한 환경친화성에서 쓰레기는 낮은 점수를 받을 수밖에 없고 위생과 냄새문제 등 주의해야 할 사항들이 있다. 하지만 현실적으로 보았을 때 음식물쓰레기는 계속 쌓여 나오는 하나의 훌륭한 바이오가스 원료가 될 수 있다는 것에는 의심의 여지가 없다. 또한 음식물쓰레기는 사료로도 이용될 수 있다. 그리고 그 소화액은 비료로서의 가치도 있다. 물론 그 양이 비교적 적고 또 일부러 늘릴 수도 없는 실정이기에 석유, 석탄 대체에너지로서는 어렵지만 리사이클링개념에서는 적극 권장되고 있고 관심을 받고 있는 것이 사실이다.

독일의 경우 20세기 초부터 하수의 혐기성 처리가 시작되어 지금은 거의 모든 하수처리장에서(약 10,000여 곳) 혐기성 처리가 이루어지고 있다. 즉 이미 혐기성 처리시설이 있기 때문에 여기에 음식물쓰레기의 공동소화를 하려는 시도가 많이 되고 있다. 또한 일반적으로 수거 및 전처리시설이 있는 곳에는 음식물쓰레기의 수거와 전처리를 위해 같이 이용될 수 있기 때문이다. 실험결과에 의하면 가스량도 늘고 분해율도 늘고 소화액의 질도 올라간다는 보고가 있다. 원료에 따라 차이가 있겠지만 하수와 음식물쓰레기를 1:1 또는 1:0.5 섞었을 경우 전체 질소량은(CSB나 P는 큰 변화 없음) 2~3% 늘어날 수 있다고 한다. 또한 하수슬러지를 건조(농축)시키는 데 있어서는 음식물쓰레기의 추가가 부정적인 영향을 끼치지 않았다고 한다. 다만 음식물쓰레기의 유기물의 분해가 빨리 되기 때문에 유기산이 빨리 증가할 수 있다는 것에 주의를 해야 한다고 한다. 각 하수처리장에 따라 수치가 다를 수 있지만 대략적으로 일간 일인당 하수 발생량이 60~85gDW/(p×d) (DW : dry weight, p : person) 정도 될 수 있다고 한다. 하수슬러지에서 발생할 수 있는 가스량도 지역에 따라 다를 것이다. 대략적으로 550l/kg oTS(oTS: organic total solid) 최초침전슬러지, 270l/kg oTS 잉여슬러지, 440l/kg oTS 혼합슬러지라고 볼 수 있다. 물론 그 외에도 약 100여 곳 이상의 음식물쓰레기 혐기성 처리시설도 있다. 보통 음식물쓰레기는 비료화(composting)하는 것이 대부분이었다. 그러나 근래에 와서 이러한 컴포스팅시설에 혐기성 소화시설(액상 또는 고상)을 추가로 설치해서 운영하는 시스템이 늘고 있다. 즉 혐기성 소화시설 이후에 연이어서 컴포스팅하는 것이다. 그 이유는 아무래도 쓰레기 속에서 에너지를 얻는다는 것과 환경에 긍정적인 효과를 가진다는 점에서다. 물론 어떤 시스템을 선택할 것인가에 대해서는 그 지역의 원료와 필요와 환경에 맞추어야 할 것이다. 독일의 일인당 연간 음식물쓰레기는 약 20~90kg/a로 다양할 수 있다고 한다. 거기에 일인당 연간 정원에서 나오는 쓰레기를 더한다면[20~150kg/(p×a)] 더 늘어날 수 있다. 음식물쓰레기에서 발생할 수 있는 가스량도 지역에 따라 다를 것이다. 음식물 쓰레기 kg oTS(organic total solid)당 421~500리터의 바이오가스가 생산될 수 있다고 보고 있다.

하수처리나 쓰레기처리에서 빼놓을 수 없는 부분이 환경오염에 대한 경계이다. 물과 흙과 공기에 대한 오염이다. 특히 공기오염에 대한 부분은 더욱 관심이 집중되고 있다. 예를 들어 CH_4는 CO_2의 온실가스효과가 23배 더 크고 N_2O(아산화질소)는 295배 더 크다. 그러기 때문에 NH_3가 N_2O로 변화될 수 있다는 것에 주의해야 한다. 거기에 각종 유기산, NH_3, H_2S 등으로 인한 여러 가지 지독한 냄새가 날 수 있다. 그래서 플랜트의 모든 시스템마다 공기를 펌프로 모아서 정화하는 시스템을 잘 갖추어 놓아야 한다. 독일에서는 플랜트시설의 가스배출농도 한계를 다음과 같이 정해 놓았다. NH_3는 $30mg/m^3$(0.15kg/h의 가스흐름인 경우), 전체탄소인 경우$50mg/m^3$(0.5kg/h의 가스흐름인 경우), 먼지인 경우 $10mg/m^3$이다.

부연적으로 앞서 잠시 언급한 기존의 컴포스팅(비료화)플랜트와 혐기성 소화(고상, 박스 형태)의 결합을 소개하고 싶다. 이 경우는 컴포스팅플랜트 전단계에 박스 형태의 혐기성 소화시스템을 후에 결합한 경우이다. 건조중량이 30% 이상인 원료 즉 쌓을 수 있는 원료의 경우이다. 전처리단계에서 비닐봉지나 철, 돌조각 등이 걸러지고 또한 잘게 잘라지게 된다. 그 다음 휠로더로 원료가 운반되어 박스플랜트로 집어넣어지게 된다. 여기서 약 3주간 혐기성 소화가 이루어지고 그리고 그 옆에 연결되어 있는 컴포스팅플랜트로 소화이후 남은 찌꺼기가 옮겨져서 컴포스팅이 약 3~4주간 이루어진다. 박스플랜트나 컴포스팅플랜트 모두 한 건물 안에 있고 밀봉되어 있어서 안의 공기가 밖으로 빠져나갈 수 없게 했다. 건물 위에서 커다란 멤브레인 가스저장조가 있고 건물의 벽면 한쪽 편에는 펌프시스템이 되어 있다. 건물 밑은 페르콜레이트(Percolate) 저장조이다. 그래서 겉으로 보기에는 플랜트같지 않아 보인다. 그 뒤편과 옆편에는 공기를 모아 정화하는 시스템(바이오필터[Biofilter]와 화학적 정화)과 모든 처리 이후 나온 건조된 찌꺼기 즉 비료를 모아 두는 장소가 있다. 이것은 보통 고농도 비료이다. 여러 개의(5~20개) 박스소화조가 붙어 있는데 그 바닥에는 가스(CO_2 나 CH_4)를 밑에서 원료를 향해 압력을 주어 뿌리게 된다. 그러므로 교 반을 유도하고 또한 소화액(percolate)이 골고루 원료에 스며들도록 하고 있다. 박스는 4~5m 높이에 4~5m 넓이 그리고 20~24m 길이로 역시 밀봉되어 있다. 온도 38도로 바닥과 벽면 안에 있는 온수라인을 통해 가온을 한다. 그러나 컴포스팅 플랜트 가로 20~25m, 세로 100m, 높이 3~4m는 박테리아 활동으로 인해 자동으로 가온(60도)이 된다. 여기서 살균효과를 자동적으로 얻게 된다. 특히 커다란 갈퀴를 갖고 있는 기계가 주기적으로(일주일에 2~3번) 원료를 뒤집어엎어 주게 된 다. 그런 가운데 박테리아에 O_2도 공급된다. 생산된 가스는 모아져서 CHP를 통해 전기와 열에너지로 바뀌어지거나 또는 CHP 대신 가스정 제소를 두어 바로 기존의 가스라인에 공급할 수 있다. 이것은 그 지역 의 필요에 따라 결정하게 된다. 즉 어떤 처리, 에너지이용시스템이 가 장 적절한지 결정해야 되는 것이다.

5) 바이오에너지마을

바이오에너지마을은 친환경적인 재생에너지를 통하여 마을의 에너지 자립을 이루었거나 이루어가고 있는 마을이다. 이것은 예를 들면 그 지역대학의 연구프로젝트로 시작될 수 있다. 바이오에너지마을 선정 은 대략 세 가지가 고려되는데 그 마을에 바이오에너지작물을 제공할 수 있는 충분한 수의 농부가 살고 있는지, 그 마을에 열을 받아쓸 수 있는 충분한 수의 주민들이 살고 있는지, 그리고 그 마을에 천연가스 라인이 없어서 저렴한 에너지공급의 필요성이 제기되고 있는지가 고려된다. 이러한 기준으로 광고 및 선정계획을 발표하게 되면 뜻이 있는 마을들이 자체적인 회의를 통하여 필요한 마을자료와 함께 선정경쟁에 참여하게 된다. 그 주된 이유로는 화석에너지대체에너지로서 그리고 바이오에너지라는 재생에너지로서 마을의 에너지문제를 해결하려는 뜻이 있고 또한 거기에 정부의 지원도 있기 때문이다.

위의 세 가지 기준으로 서너 개의 마을들이 압축되게 되면 전문 관련 엔지니어사무실 등을 통해 타당성 조사를 통하여 최종 하나의 마을이 선정되게 된다. 예를 들면 독일의 윤데마을은 이러한 과정을 통하여 선정이 되었다. 마을의 주민들은 자발적으로 다른 바이오가스플랜트도 가보고 많은 토의를 통하여 원하는 바이오에너지시스템을 구상하게 되고 이를 바탕으로 전문기관을 통해 설계를 하게 된다. 독일의 윤데마을(Jühnde) 같은 경우는 바이오가스플랜트와 나무를 잘게 만들어 저장한 후 태우는 시설의 겸비 형태를 취하게 됐다. 바이오가스플랜트가 멈추게 되었을 때 또는 생산되는 열보다 수요가 더 많은 겨울 기간에는 나무를 태우는 시설이 함께 가동이 되는 것이다. 경제적인

그림 2-4 독일의 한 바이오에너지마을

측면에서 중요한 것은 될 수 있으면 많은 열 수요자들이 그 마을에 있어야 한다는 전제이다. 그리고 에너지작물은 그 마을에서 충당이 되는데 에너지작물의 가격은 적어도 기존의 가격과 동일하거나 높은 가격으로 구매가 된다는 조건이다. 그리고 정부의 지원이 필요하다. 윤데 마을의 경우는 전부 540만 유로가 투자되었는데 그중에 50만 유로가 자기자본이고 중앙정부의 지원금이 130만 유로, 지방정부와 마을의 지원이 20만 유로 그리고 340만 유로를 은행에서 융자받았다. 기존의 화석연료나 천연가스시스템을 없애고 바이오가스플랜트로부터 온수를 받아서 쓰기 때문에 온수라인을 마을에 깔아야 했고 집집마다 연결해야 했으며 집집마다 쓴 열을 측정하는 기계를 달아 쓴 만큼 지불할 수 있도록 했다. 공사기간에는 불편함이 있을 수 있지만 다른 한편으론 예전의 가스탱크나 화석연료보일러가 있던 장소가 사우나나 파티장소 등 다른 용도로 사용할 수 있게 되는 공간이 되었다. 한 마을의 온수를 안정적으로 공급하기 위해서 바이오가스플랜트 옆에 커다란 물탱크가 있다. 바이오가스의 CHP에서 나오는 열로 우선 해결하되 부

그림 2-5 원료, 특히 사일리지를 저장하는 사일로

족하게 되면 나무를 태우는 보일러가 가동되고 그마저 고장이 나게 되면 특별한 경우를 대비해서 화석연료보일러를 둘 수도 있다. 또한 일년 내내 바이오가스플랜트의 원료가 공급되어야 하는데 에너지작물 수확시기는 한정되어 있기 때문에 수확한 작물을 잘 저장해야 한다.

일반적으로 차가 다닐 수 있는 넓은 공간에 [약 1도 정도 경사가 되어 있어서 흘러내려오는 액체를 모아 바이오가스플랜트의 원료로(주로 유기산과 알코올) 사용할 수 있게 한다] 수확한 작물을 채워 넣은 다음 그 위로 트랙터가 왔다갔다하면서 압축뿐만 아니라 사이사이에 있는 O_2를 제거한다. 그 다음 혐기성 상태를 만들기 위해 덮개를 덮고 자연적 보존방법을 하게 된다. 즉 박테리아가 생산하는 유산을 통해 pH값을 낮추어서 다른 박테리아의 활동을 막음으로 보존하는 방식이다. 이런 식으로 일 년 동안의 바이오가스플랜트 원료를 확보하는 것이 중요하다. 에너지작물로는 그 지역의 환경과 날씨에 맞는 작물선택이 필요하다. 이러한 에너지마을로 가는 과정 속에서 여러 가지 이해적 문제가 생길 수 있다. 이것은 서로의 협력으로 해결할 수 있고 그런 과정 속에서 마을주민들이 좀 더 화합할 수 있는 기회가 될 수 있다. 이 어려운 과정을 잘 극복하게 되면 마을주민들이 바이오에너지마을을 해냈다는 자부심과 긍지를 갖게 되고 애향심도 늘게 된다. 한국의 경우 이러한 운동은 새로운 새마을운동이 될 수 있을 것이다. 윤데마을 같은 경우에는 에너지마을 형성 몇 년 이후 이런 애향심 있는 마을사람들을 볼 수 있게 되었고 통계에 의하면 마을 주민의 89%가 매우 만족한다는 의견을 보냈고 11%가 만족한다는 의견을 보였다. 에너지플랜트를 지을 경우 여러 법적인 절차도 밟아야 하는데 어떠한 형태로 플랜트를 운영할 것인지 또는 온수와 원료공급계약 등도 처리되어야 한다. 앞으로 윤데

마을 같은 경우는 여러 회사들과 손을 잡고 그 바이오가스플랜트 단지에 태양력, 연료전지, 또는 나무를 태우는 것뿐만 아니라 나무로 가스화한다는 여러 병합적인 에너지공급 형태를 구상하고 있다. 에너지 마을프로젝트를 진행할 때 가장 중요한 것은 사람과 함께 가야 한다는 것이다. 또한 그 지역의 정치인과도 함께 가야 한다. 또한 앞에서 언급한 바와 같이 지역의 자연경관보호, 식량생산, 에너지생산이 공존해야 한다는 것이다. 어느 한쪽에 손해를 보거나 불만족스러운 일이 없도록 프로젝트 진행 측에서는 조심스럽게 진행해야 한다. 될 수 있으면 그 지역과 마을이 살아야 하기에 그 지역의 산업체와 함께 하는 것이 바람직하다. 한국에서도 평당 바이오매스 생산량이 많기 때문에 바이오매스를 이용한 에너지생산이 가능하다고 본다. 이것을 잘 살려서 값비싼 화석에너지 의존에서 벗어나 마을 자체의 재생적 에너지 자립이라는 꿈도 실현해볼 만한 것이다.

지역의 에너지자립을 목적으로 지역의 산업과 지역의 경제를 중심으로 그 지역의 엔지니어와 공무원과 함께 그리고 학교(연구단체)와 함께 그 지역에 맞게 실천해 나간다면 그 지역 경제를 살리고 인프라를 형성해 가는 데 도움이 될 것이다. 그러면 지역마다 수준이 다른 기술과 조건들이 형성될 수도 있다. 그래서 이러한 기술과 조건들을 어느 정도 표준화하기 위해선 전국적인 기술전시회 및 이론의 공유화(세미나 등)가 정기적으로 이루어져야 한다. 관계된 모든 다양한 직업의 사람들이 주기적으로 참석해서 지식과 기술을 몇 년간 계속 공유화한다면 어느 정도 기술의 평준화가 이루어질 수 있을 것이다.

이런 일은 독일의 바이오가스협회처럼 한국 바이오가스협회를 형성해서 추진할 수도 있을 것이다. 아직은 한국에 바이오가스협회가 존재하지 않는 것으로 알고 있다. 바이오가스협회가 형성이 된다면 여러 가지 지식과 기술교류에 중요한 역할을 할 것으로 생각된다. 즉 지역 지역을 순회하면서 1년에 1회 정도 전국적인 컨퍼런스를 준비하고 추진할 수 있을 것이다. 여기서 학문적·기술적인 발표도 함께 이루어진다면 알차게 진행할 수 있을 것이다.

6) 바이오가스플랜트 허가받기를 위한 서류

독일에서 관청의 바이오가스플랜트 허가를 받기 위해서는 다음의 서류를 구비하여 제출해야 한다. 각종 규제에 충족을 시키는 서류들이 구비되어야 하는데 지역마다 차이가 있겠지만 예를 들어 화재 및 폭발 관련안전, 위생관련안전, 수질보호, 자연보호, 쓰레기처리, 화재 시 비상구 및 소화를 위한 물탱크(연못), 일반적인 안전사고규칙, 소음방지, 배기처리, 냄새, 땅면적, 굴뚝, 각종 시설 및 파이프라인 등의 설계도 및 기술적 그림(자료) 등이 제출되어야 한다. 그리고 플랜트에 대한 안내서가 제출이 된다. 여기에 여러 가지 관련 법규들이 적용되는데 이것은 위의 바이오가스플랜트 법규를 참고하면 된다.

2. 바이오가스 경제

1) 바이오가스플랜트 네 가지 경제요소

바이오가스플랜트 경제성을 간단히 살펴보면 다음 네 가지로 나눌 수 있다. 첫째, 전체 투자비용이다. 이것은 지원금, 자기자금, 타자본으로 이루어진다. 둘째, 연간 수입이다. 이것은 전기판매, 열판매, 비료판

매, 화학비료절약, 연료절약으로 얻어지는 수입이다. 셋째, 연간비용
이다. 이것은 플랜트비용(감가상각, 보수, 수리, 이자), 건물(땅) 및 설
비비용(감가상각, 이자), 운영비용(보험, 전기, 기름, 소모품, 외부 및
내부 인건비, 프로세스분석비), 직접비용(원료, 부원료, 혐기소화첨가
제, 물, 운송비, 유동자산, 임대비, 기여 및 요금 등)으로 나눌 수 있다.
넷째는 손해이익계산이다. 연간수입, 연간비용, 그리고 그 차이로 연
간결과를 알 수 있다. 이것이 이익이라면 이 이익을 가지고 전체투자
비를 몇 년 안에 보상할 수 있는지를(amortization) 계산할 수 있다.

2) 바이오가스플랜트 비용과 수입

독일에서의 바이오가스플랜트의 투자비용은 플랜트에 따라 30만~500
만 유로로 다양하다. 여기서는 주로 독일의 농가형 바이오가스플랜트
의 예들이다. 규모와 설비에 따라 차이가 있겠지만 평균적으로
100~200만 유로라고 볼 수 있겠다. 보통 $1kW_{el}$당 1,500~ 6,000유로로
플랜트에 따라 그 설치 비용이 다양하다. 보통 플랜트 크기가 커질수
록 kW당 비용이 줄어든다(비용 = $-1.09 \times kW + 3,602$)는 보고도 있
다. kW당 약 3,000유로 정도의 비용이 될 수 있겠다. 투자비 안에서
건축비용은 약 14%에서 72%로 다양하다. 그 나머지는 기술설비비로
볼 수 있다. 보통 평균적으로 건축이 44%라면 기술을 56%로 잡을 수
있다. 플랜트 용량기준으로 보았을 때 플랜트에 따라 다양한데 플랜트
유효용량 m^3당 300~400유로 많게는 800유로까지 나타나고 있다. CHP
비용은 전체투자비용의 10%에서 50%까지 다양한데 평균적으로
22.5%를 차지한다. 보통 kW당 608유로라고 보면 된다. 원료주입기비

용은 전체투자비용의 평균적으로 5% 정도를 차지한다. 보통 플랜트를 설치할 때 융자를 받거나 정부지원 그리고 자기자본으로 이루어진다. 그러나 정부지원을 받는 경우는 40% 이하로 점차 줄어든다. 지원을 받게 될 경우에는 전체투자비의 2~45%로 다양하다. 타자본은 평균적으로 78% 정도이고 자기자본은 평균적으로 16% 정도이다. 연간수입에서 매전수입은 자신의 프로세스 전기사용 이외에 1% 정도의 변압기에서 손실을 제외한 수입을 말한다. 보통 판매되는 전기수입은 kWh당 EEG 보너스를 포함하여 19센트 정도이다. 열판매는 자신의 플랜트와 집과 농장가온 이외의 열판매수익을 말한다. CHP열로 자신의 농장과 집을 가온한 경우는 일반적인 화석연료절약비가 수입으로 간주된다. 화학비료절약은 소화액의 비료이용으로 인하여 실제적으로 줄어든 화학비료비용 절감을 의미한다. 보통 N은 kg당 0.85유로이고 P_2O_5는 kg당 0.46유로 그리고 K_2O는 kg당 0.31유로로 계산할 수 있다. 소화액의 비료이용은 운송비(살포비 포함)를 발생시킨다. 감가상각은 건물(20년)이나 기계(10년) 발전기에 관한 시간이 흐름에 따른 가치 절감이다. 이것을 매년 비용으로 정해 놓아 모아놓는 이유는 기계나 건물이 낡아버려질 때를 예상해 새로운 것으로 대체하기 위한 것이다. 건물에 해당되는 것은 일반적으로 원료저장조, 살균시설, 혐기 소화조, 소화액저장조, 가스저장조, 오일탱크, 기계실, 변압기시설 등이다. 거기에 따른 전기선설치 등도 여기에 포함된다. 기술설비에 대해선 다음과 같다.

원료주입 및 처리기, 원료파이프라인, 가스라인, 난방장치, 교반기, 펌프, 측정 및 콘트롤장치, 전자장치, 엔진을 제외한 CHP 등이다. 그리고 엔진구입비는 CHP의 엔진구입비용을 말한다. 융자에 따른 이자비용이 있다. 이것은 부채상환의 크기에 따라 변동이 되는데 전체 기간에 각각의 부담비용을 계산해서 지불해야 한다. 수리비용은 부품교체비 및 그에 따른 인건비를 말한다. 플랜트전기사용비는 일반적으로 플랜트에서 생산된 전기를 사용하는 것이 아니라 공공의 전기를 구입하는 비를 말한다. 그것이 독일에서는 더 경제적이기 때문이다. 여기서 사용한 전기량과 전체 생산된 전기의 판매량(이때 변압기에서의 손실 1%를 제외)의 비율을 가지고 플랜트전기사용비율을 표현한다. 프로세스열사용비는 보통 비용에 포함시키지 않는다. 그 이유는 여름에는 오히려 남아도는 열의 온도를 전기를 이용한 냉각팬을 통해 낮추어 밖으로 그냥 내보내야 하는 경우가 많기 때문이다. 연료비는 보통 혼소형 CHP의 점화에 사용되는 연료비를 의미한다. 또는 특별한 경우에 별도의 난방기를 돌릴 때 사용되는 연료비일 수 있다. 소모품비용은 원활한 기계의 작동을 위해 들어가는 오일필터, 윤활유, 연료구입비 등이다. 인건비는 근로시간당 보통 15유로 정도 들어가는 비용이다. 프로세스분석비는 실험실에 의뢰하여 주기적인 화학적, 생물학적 분석을 위해 드는 비용을 말한다. 원료비에서 일반적으로 가축분뇨구입비는 0원이다. 주가 되는 것은 에너지곡물비용이다. 톤당 가격을 말하는데 예를 들면 옥수수는 약 30유로 정도 한다. 이런 자료는 플랜트운영자의 운영일기에서 찾아볼 수 있다. 이 원료비는 원료의 전체 비용을 의미하는데, 경작, 수확, 운송, 저장, 보존까지의 경비를 말한다. 운송비는 소화액반출비(살포비 포함)를 말하는데 보통 톤당 3.27유로이다. 그래서 운송비를 줄이기 위해 소화액을 건조시키기도 한다. 원료를 가져오고 다시 그 경작지로 소화액을 가져가는 운송비는 무시할 수 없는 중요한 부분이다. 그래서 원료계약을 할 때 보통 플랜트와 경작지 거리 10~20km 이내에서 계약을 하게 된다. 이것은 반대로 플랜트 위치 선정의 기준이 되기도 한다. 절충점을 찾아야 하는데 플랜트는 열이 필요한 지역에 가까워야 하지만 동시에 원료생산지와 가까이 있어야 하는 것이다. 거기에 냄새와 소음으로 주거지와 멀리 떨어져 있어야 하고 동시에 열이나 가스가 필요한 지역과 가까이 있어야 하는 것이다. 온수라인(2km 이상이 되면 상당한 열손실 예상)이나 가스라인을 설치 하는 것도 그 효율성과 경제성을 무시할 수 없기 때문이다.

3) 바이오가스플랜트 경제성 평가

연간비용을 줄이는 것이 플랜트의 경제성을 높이는 데 중요한 요소 가 된다. 연간비용 중 보통 원료구입비가 제일 큰 부분을 차지하고 그 다음이 감가상각, 운영비, 직접비, 인건비, 이자, 수리비 순이다. 독일 에서의 평균적인 연간비용은 kW_{el}당 1,082유로 정도이다. 감각상각은 플랜트에 따라 14.2%에서 30.8%로 다양하다. 평균적으로 22.3%이다. 융자에 대한 이자는 평균적으로 전체 비용의 4.9%정도이다. 원료비를 제외한 직접비는 평균적으로 8.3% 정도이다. 직접비에서 원료비를 제 외하면(전체 비용의 평균 15%) 직접비에서 가장 큰 부분을 차지하는 것이 소화액운송비인데 평균적으로 전체 비용의 6.4%를 차지한다. 평 균 인건비는 전체 비용의 5.9%를 차지한다. 인건비는 운영비 안에서 상당히 중요한 부분을 차지하는데, 운영비의 7.7%에서 59.2%까지 다 양하다. 즉 인건비를 플랜트설계 시 효율화와 자동화를 통해 근무시간 을 줄이는 것이 상당히 중요하다. 경우에 따라 일일근무량이 30~50 분 이상으로 다양한데, 이는 1시간 이하로 줄이는 것이 바람직하다. 경우에 따라 부품교환 및 수리비용이 운영비에 속하기도 한다. 운영비에서 또한 중요한 부분을 차지하는 것이 혼소형 CHP인 경우에 그 유류연료비이다. 또한 운영비에서 프로세스전기사용비(전부 외부에서 사서 쓰는 경우)가 운영비에서 약 70%를 차지하기도 한다. 그래서 높은 효율을 유지하면서 교반기의 수를 줄이고 원료주입기의 효율을 높이고 CHP의 효율을 높이는 데 많은 연구가 진행되고 있다. 전체 비용에서 가장 많은 부분을 차지하는 것이 원료비이다. 평균적으로 전체 비용의 42.1%를 차지하고 있다. 그 톤당 가격은 18유로에서 51유로로 다양한데 평균적으로 32유로 정도 한다. 그래서 효율성이 높고 가격이 저렴한 원료개발 및 확보가 바이오가스산업 성패의 가장 중요한 질문이 되기도 한다. 경제성을 보는 하나의 수치로 전기에너지를 생산하는 비용(유로/kWh$_{el}$)이다. 기간과 원료비와 CHP효율 등에 영향을 받는데 평균적으로 전기에너지(el) kWh당 0.16유로이다. 즉 원료비는 적으며 많은 가스를 생산하고 전기생산 효율이 좋은 CHP를 될 수 있는 한 100% 돌릴 때 좋은 값을 얻게 된다. 전체 수입과 전체 비용의 차이가 그 기업의 연간결과가 될 것이다. 여기서 이익과 손해라는 결과가 나온다. 바이오가스플랜트는 경우에 따라서 마이너스 결과가 나오기도 한다. 그러나 대체적으로는 플러스 결과가 나온다. 때로는 플러스 결과라 하더라도 그 크기가 매우 적을 수 있다. 또는 전기에너지 kWh당 수입은 얼마이며 kWh당 비용은 얼마인지 계산이 가능하며 그 차이를 이용해서 그 플랜트의 경제성을 평가할 수도 있다. 여기서 전기에너지 kWh당 플랜트의 손해와 이익을 볼 수 있다. 일반적으로 kWh당 0.7~7.8센트 정도의 이익을 보이는데 평균적으로 전기에너지 kWh당 2.9센트의 이익을 내고 있다. 연간의 이익을 바탕으로 몇 년 안에 전체투자비용을 같은 조건 안에서 도달하는지를 나타내는 애모티제이션

(Amortization)은 전체투자비용을 연간 이익과 연간 감가상각의 더한 값으로 나눈 값이 된다. Amortization기간은 플랜트에 따라 2.5년에서 25년 이상으로 다양하다. 일반적으로 여러 자료의 부족으로 플랜트의 경제성을 분석비교하는 어려움이 있다. 플랜트경제성변화에 주로 영향을 미치는 것은 비용 면에서는 원료비와 연료비의 변동이다. 그리고 수입 면에서는 전기판매에 부가되는 요금 및 해당되는 보너스이다. 만약 원료비의 25%가 상승되었을 경우 플랜트에 따라 손익분기점 도달기간이 1년에서 20년 이상 연장되는 결과를 얻는다. 또는 이익 면에서 평균적으로 kWh당 1.7센트 더 적게 이익을 내게 된다. 만약 연료비가 50% 또는 100% 상승되었을 경우 평균적으로 kWh당 0.6센트에서 1.2센트의 손해를 보게 된다. 에너지곡물보너스가 kWh당 1센트 상승되었을 경우 어느 정도 원료비의 상승을 커버할 수 있지만 만족스럽게 충당하지는 못한다. 그래서 독일에서는 kWh당 열이용보너스를 받기 위한 열이용, 가축분뇨보너스를 받기 위한 원료 중 30% 이상의 가축분뇨이용 등이 중요하다. 만약에 바이오가스플랜트기업이 가축분뇨를 직접 소유하고 있고(즉 농장소유자) 더 나아가 에너지곡물을 직접 키우며 땅에 가축분뇨를 직접 뿌리게 된다면 연간 변동되는 원료비의 충격에 대처하면서 플랜트의 경제성 향상의 상당한 이점을 갖게 된다.

플랜트의 경제성평가의 자료가 되는 원료량, 가스량, 생산되는 전기량, 판매되는 열량을 측정하는 기술도 더불어 발전되어야 한다. 또한 그것을 객관적으로 측정하고 공증을 하는 전문인도 생길 수 있다. 물론 모든 관공서에서도 이러한 측정량을 바탕으로 허가서를 검증하게 된다. 위의 내용들은 한국사정과 다를 수 있으므로 하나의 참고로 활용하면 좋을 것이다.

Chapter 3

바이오가스
엔지니어링

BIOGAS MASTERPLAN

바이오가스 엔지니어링

1. 바이오가스플랜트의 기술적 취약점

1) 바이오가스플랜트의 가능한 기술적 장애들

독일에서 일하면서 보고 느낀 점은 독일은 일 가운데 가치를 두되 화려하고 멋있는 기술보다는 튼튼하고 오래가는 내구성에 가치(실용적인 목적)를 더 두고 그리고 복잡한 것보다는 될 수 있으면 값싸고 단순하게 만들고 단순한 기계의 성능보다 기계를 잘 이해하고 유지하고 관리를 할 수 있는가에 대한 책임에 무게를 더 둔다는 점이다. 독일의 많은 바이오가스플랜트들을 방문하면서 보고 경험한 점들은 대부분이 손질이 평상시에 잘 되어 있다는 것이고 늘 보수수리를 하고 플랜트주인이(농부나 기술자) 기계부분들의 성능을 하나하나 너무 잘 이해하고 있다는 것에 놀라지 않을 수가 없었다는 것이다. 즉 애초부터 관리, 유지, 운영, 보수에 대한 가능성과 그 책임을 심각하게 고민을 한 이후에 프로젝트를 시작한다는 것이다. 그리고 독일인들은 일반적으로 아무리 좋은 기술, 기계가 있다 할지라도 필요한 것과 필요한 만큼만 구입하고 필요하지 않다면 그것을 구입하지 않는다. 필요한 만큼이란 것은 어떤 한 기계를 구입할 시에 그 기계의 100% 운영 시 나타나는 성능과 필요시되는 수요를 일치시킨다는 것이다. 저자가 한국의 여러 바이오가스플랜트를 보면서 기계나 플랜트 규모가 불필요하게 크게 책정되었고 지어졌다는 것을 알게 되었다. 이런 가운데 생겨날 수 있는 비효율성과 관리의 문제가 있는 것이다. 이 장에서는 특별히 바이오가스플랜트에서 나타날 수 있는 기술적 장애들을 살펴보기로 한다.

기계를 다룬다는 점에서 플랜트운전에 여러 가지 장애가 생길 수 있다. 이는 손상이 없는 운전장애와 손상이 있는 운전장애로 분류할 수 있다. 손상이 없는 장애는, 예를 들어 펌프나 스크루 컨베이어(원료주입기)가 막혀 프로세스 진행에 문제가 있거나 멈추게 된 경우를 말한다. 이런 경우는 측정센서의 감도를 높이거나 원료주입기의 장애물을 제거하고 아니면 혼소형 CHP에서의 연료분무노즐이 막힌 것을 청소해 줌으로써 문제를 해결할 수 있다. 손상이 있는 장애는 예를 들면 건축물이나 기계설비의 손상으로 인해 프로세스가 중단된 경우를 말한다. 이때는 부품교환이나 땜질 등 수리를 통해 문제를 제거할 수 있다. 문제의 종류가 다양할 수 있지만 제일 많은 문제가 발생하는 곳은 일반적으로 CHP이다. 그리고 원료주입기, 펌프와 파이프라인, 바이오프로세스에 문제가 생기는 경우를 들 수 있다. 독일의 경우 이 다섯 가지 경우가 문제의 78%를 차지한다. 그 외에 측정장치, 전기중단, 가스저장조, CHP에서 생산되는 전기의 전압변동, 콘트롤 장치, 가스정제, CHP실, 난방기, 원료처리기, 콘트롤 없는 배출가스, 원료저장조 등에서 문제가 발생한다. 독일의 경우 통계적으로 평균연간 바이오가스플랜트당 10kW당 1.2번의 운전장애가 발생했다. 플랜트 규모(kW)가

커지면 더 많은 문제가 발생했다.

기술/설비에 대한 첫 번째 점검은 그 기술/설비회사에 의해 이루어지지만 결국 책임은 플랜트주인과 운영자에게 돌아가게 된다. 따라서 계획단계에서부터 플랜트주인은 이를 철저하게 검토하는 것이 필요하다. 또한 운영자는 각기 기술/설비에 대한 안내서뿐만 아니라 보증서에 대한 충분한 이해가 필요하므로 그것을 요구할 수 있는 자격이 있다. 그 외에 바이오가스플랜트에 대한 제3의 전문적인 기술검증가가 필요하다. 이들의 검증과 검증에 대한 서명은 관청의 허가에 필요한 자료가 된다.

2) CHP 문제점들

CHP에 여러 문제가 발생할 수 있다. 초창기에는 기존엔진을 몇 가지 변경시켜서 사용하는 CHP가 많았고, 그때에는 바이오가스의 특성에 맞추어지지 않았다. 그러나 요즘은 여러 경쟁을 통해 바이오가스 전문 CHP가 다양하게 나오게 되었고 가스성상이나 온도 그리고 흡입공기의 변화에 따라 CHP를 보호하고 콘트롤하며 더불어 효율을 향상시키는 기술이(압축, 밸브기술, 점화기술 등의 효율향상으로) 접목되게 된 것이다. 그래서 문제 발생률이 많이 줄게 되었다.

일단 CHP를 놓아두는 장소가 중요하다. 그 장소의 통풍 및 열교환 장치들이 CHP수준에 맞아야 한다. CHP가 너무 뜨거워지면 멈추게 되는데, 여름에는 더욱더 CHP 자체와 주변이 뜨거워지기 때문에 그 점을 고려해야 한다. CHP가 가동을 시작할 때 전기가 많이 들기 때문에 가능하면 멈추게 해서는 안 된다. 또한 그 장소가 너무 좁으면 화재의 위험이 있으므로 그에 따른 안전장치를 마련하고 뜨거운 가스라인과의 간격을 넉넉하게 해야 한다. 그리고 모터나 여러 장치들의 수리 및 교환이 어렵지 않도록 해야 한다. CHP가 돌아갈 때 소음이 대단하기 때문에 소음방지장치를 해야 하고 CHP콘테이너에 들어갈 때는 귀마개를 착용하도록 한다. 그리고 사전 온라인 가스성상분석이 CHP유지에서 상당히 중요하다. CH_4이 너무 낮으면(45% 미만) CHP 효율도 떨어질 뿐만 아니라 장애를 일으키게 된다. 또한 H_2S를 분석하고 제거시켜야 하는데 그렇지 않을 경우 황산에 의해 CHP부품이 부식을 일으키게 되고 오일교환간격이 줄어들며 결국에는 엔진(실린더)에 손상이 가해져서 엔진을 교환해야 되는 상황이 벌어진다. 그뿐만 아니라 엔진제어, 터보차져(Turbocharger), 공기냉각장치, 물펌프 등에 문제가 발생할 수 있다. 독일에서는 평균적으로 CHP의 문제를 해결하기 위해 CHP당 연간 1,100유로가(자가인력 시간당 15유로, 타인력 시간당 60유로) 소요되었다.

엔진의 종류에 따라 문제를 구분할 수도 있다. 전소엔진에는 대부분 충전기와 엔진제어장치, 점화기에 문제가 많았고 혼소엔진에는 연료시스템에 많은 문제가 발생했다. 하나의 대책으로는 CHP에 센서를 달아서 그 상태를 파악하고 문제 시 알람을 핸드폰으로 알리는 기술을 적용하고 있다.

3) 가스저장조 문제점들

생산된 가스는 가스저장조에 저장이 되는데 그 압력이 너무 클 때를 대비해서 또는 반대로 압력이 대기압보다 낮을 때를 대비해서(예를 들면 온도의 냉각, 또는 대량의 원료를 밖으로 내보낼 때) 압력안전장치를 해 놓는데 여기에 문제가 발생할 수 있다. 보통 압력안전장치에는

그림 3-1 플랜트 위의 멤브레인 가스 저장조의 모습

물이나 다른 액체로 채워져 있어서(소화조 안의 압력이 대기압보다 3.5mbar 많을 경우, 또는 1mbar 적을 경우, 한계속도 300m³/h) 안의 가스가 새어 나가는 것을 막고 있고 또는 그 반대로 외부의 공기가 들어가는 것을 방지하고 있다. 예를 들어 위의 압력보다 초과하는 압력이 발생하게 되면 가스가 대기 중으로 빠져 나가게 되어 있다. 물론 일반적으로 생성되는 가스가 가스저장조에 저장되거나 바로 사용되기에 그 가스압은 대체적으로 낮다(약 5mbar). 만약 압력안전장치 안의 물이 증발하게 되면 수압이 줄어들기 때문에 가스가 쉽게 새어나가는 위험이 있다. 요즘의 CHP는 이러한 압력의 변화를 감지하여 대응하도록 만들어져 있다. 만약에 압력안전장치의 관의 폭이 너무 좁으면, 예를 들어 특별한 경우에 소화조를 비우게 될 시에 빠른 시간 안에 충분한 공기가 안으로 들어갈 수가 없다. 이때 내부의 압력이 대기압보다 낮아져 가스저장조가 무너질 수도(수축) 있다. 그래서 그 관의 폭을

넓게 하는 것이 그 대책이 된다. 또한 다른 원료주입기와 파이프라인과 마찬가지로 겨울철에 부동액을 넣어 그 안의 액체가 최소한 -30도에도 얼지 않도록 해야 한다.

4) 원료주입기 문제점들

에너지곡물에 맞추어진 원료주입기가 많이 개발되었다. 에너지곡물은 쌓을 수 있고 보통 건조중량이 18% 이상이 된다. 이것은 펌핑이 되지 않기 때문에 보통 스크루 컨베이어를 통해 집어넣거나 아니면 건조중량을 소화액과 섞어 낮춤으로써 펌핑을 해 원료를 투입할 수 있다. 짚이나 잔디같은 섬유질이 많이 포함되어 있는 원료는 그냥 물이나 소화액과 섞어서 주입하기가 어렵고 교반하는 것 역시 어렵다. 이것을 위

그림 3-2 원료를 받아 일시적 저장 및 혼합하여 스크루 컨베이어를 통해서 플랜트에 주입하는 원료주입기

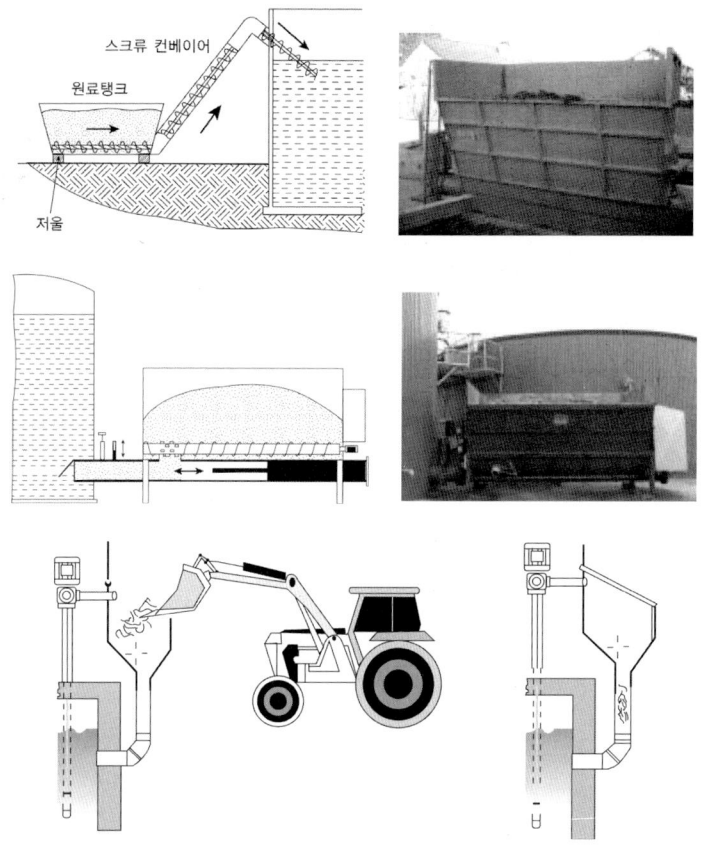

그림 3-3 다양한 원료주입 형태

해서는 빨리 돌아가는 교반기보다 천천히 크게 돌아가는 날개가 큰 교반기가 적합하다. 또한 주입 전에 섬유질을 자르고 잘 섞는 특별한 기술이 무엇보다 필요하다.

원료를 주입할 때 일반적으로 스크루 컨베이어, 피스톤 펌프, 또는 로브(Lobe) 펌프나 편심 스크루 펌프가 주로 이용된다. 주로 이용된다. 보통 박스 모양의 임시저장고와 펌프가 함께 연결되어 있고 거기서 원료가 소화액과 바로 섞여서 소화조로 들어간다. 또는 건조한 원

그림 3-4 수직형 스크루형 믹서　　**그림 3-5** 원료주입기의 스크루 모습

료인 경우에는 바로 스크루 컨베이어를 통해 소화조로 들어가기도 한다. 주로 유압으로 임시저장조의 바닥이 움직이면서 스크루 컨베이어에 원료를 공급하는 형태로 되어 있다. 그러나 여기에도 원료를 잘 섞어야 하는 과제가 남아 있다. 즉 밀려들어가는 아래층과 위층이 나뉘어질 수 있다는 것이다. 그래서 어떤 원료주입기의 임시저장조는 뒤에 있는 벽이 통째로 앞으로 움직이는 경우도 있다.

또는 수직형 스크루형 믹서가 임시저장조에 설치되어 있다. 보통 임시저장조의 크기는 하루의 원료투입량에 맞아야 한다. 에너지곡물의 원료의 성질상 스크루 컨베이어의 사용이 증가하고 있다.

보통 원료에는 유기산이 포함되어 있기 때문에 부식이 일어나고 부품들의 마찰로 마모가 일어날 수 있으므로 보통 기계는 스테인리스강으로 만들어진다. 콘크리트 임시저장조인 경우에는 에폭시 등으로 벽면을 코팅하게 된다. 또한 중요한 것이 모터이다. 이 모터의 규격이 넉넉하게 책정이 되지 않아 부하로 인해 고장이 나는 경우가 잦다. 또한 보통 원료주입기는 원료주입의 양을 측정하기 위해 밑에 무게를 측정할 수 있도록 해 놓았다. 이때 소화조에 붙어 있는 스크루 컨베이어로 인해 무게측정이 지장을 받지 않도록 해야 하며 임시저장조에 원료를 주입할 때 무게측정에 지장이 없도록 주의해야 한다.

스크루 컨베이어 시스템에서는 여러 가지 문제가 발생한다. 일단 모터규격과 맞아야 하고 그 덮개크기와 지름 등이 적절해야 한다. 특히 두 개의 컨베이어로 이루어져서 소화조로 들어가는 경우에 그 연결고리에 원료가 막히는 현상이 자주 일어난다. 컨베이어가 여러 개 있을 때의 온라인 콘트롤에도 문제가 일어날 수 있다. 겨울철에는 얼지 않도록 원료주입 후 안을 완전히 비워야 한다. 어떤 경우에는 부하로 인해 스크루가 부러지기도 하고 스크루를 둘러싸고 있는 덮개가 너무 얇아서 구멍이 날 수도 있다.

5) 펌프 및 파이프라인 문제점들

대부분의 바이오가스플랜트에서 원료를 주입하거나 또는 소화액을 소화액저장조 또는 후속 소화조 등에 운송할 때 펌프가 이용된다. 그에 따른 파이프라인과 밸브가 필요하다. 소화조와 후속 소화조로 소화액

그림 3-6 펌프, 원료 분배기 및 자동밸브

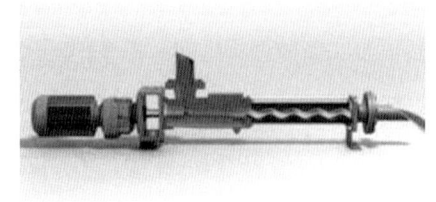

그림 3-7 로브(Lobe) 펌프 유형(좌)과 편심(Eccentric) 스크루 펌프 유형(우)

이 이동될 때에는 보통 원료가 소화조에 들어갈 때 생기는 압력에 의해 자동으로 이동된다. 그래서 소화조 안에 작업용량이 항상 일정하게 유지되는 것이다. 그러나 파이프라인의 지름이 좁거나 너무 길 때 파이프라인이 자주 막히기도 하므로 펌프를 설치하거나 물이나 공기로 막혔을 때 이를 해결할 수 있는 대책을 만들어 놓아야 한다. 로터리 펌프는 가축분뇨기술에 많이 적용되었는데 기계에 따라 가축분뇨 밖이나 속에 넣어서 사용할 수 있다. 건조한 상태에서 운행될 때 흡입력에 문제가 생길 수 있다. 이때 펌핑방향을 거꾸로 돌려서 문제를 해결할 수 있다. 보통 건물함량이 10%를 넘어가게 되면 적용하기가 어렵다.

독일 바이오가스플랜트에서는 주로 편심(Eccentric) 스크루 펌프나 로브 펌프가 이용된다. 편심 스크루 펌프나 로브 펌프는 로터리 펌프보다 흡입력이 좋고 미는 힘이 좋다. 편심 스크루 펌프는 건조상태에서의 운행이나 건조한 원료일 때 마모로 인해 문제가 쉽게 발생한다. 로브 펌프는 스크루 펌프에 비해 이런 점에서 나은 장점이 있다. 사전에 돌 등 딱딱한 불순물을 걸러내는 장치를 두기도 한다. 편심 스크루 펌프는 미는 힘이 좋은 장점이 있지만 길어서 자리를 많이 차지하고 수리 시에는 긴 스크루를 뺄 수 있는 공간을 확보해야 한다. 그에 비해 로브 펌프는 고장 시 부품교환이 수월하고 차지하는 공간이 적다. 로브 펌프에 원료를 자르고 가르는 장치가 되어 있기도 해서 효율을 높이기도 하며 건조상태에서의 운행을 방지하기 위해 별도로 펌프의 한쪽 면에 액체를 가둬놓는 장치를 두기도 한다.

편심 스크루 펌프의 한 예를 들면 다음과 같다. 보통 플랜트의 용량에 따라 펌프의 용량도 정해진다. 예를 들어 75kW 용량의 플랜트 (1MW 플랜트인 경우는 70톤 고형원료)일 경우는 보통 하루당 2톤의 고형 원료가 필요하다. 예를 들면 2톤의 옥수수(밀도를 고려하면 부피가 약 3m³)이다. 이것을 펌핑 가능하게 하려면 1 : 3 정도로 액체 (주로 소화액, 또는 분뇨, 약 8~9m³, 잔디 같은 경우는 1 : 5~6 정도로 섞음)와 먼저 섞어야 한다. 요즘은 펌프에 섞는 부분이 부착되어 나온다. 펌프속도는 이 크기에서 10m³/h가 사용되는데 하루당 총 두 시간 정도 펌핑이 된다. 보통 이것을 24시간 나누어서 각 5분씩 펌핑을 한다.

체크밸브는 소화액이 반대방향으로 흐르는 것을 방지한다. 그러나

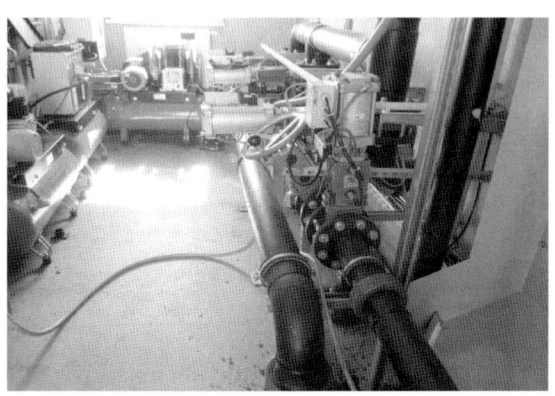

그림 3-8 밸브 및 원료라인

섬유질이나 모래 등으로 인해 제대로 작동되지 않을 때가 많아서 피스톤밸브나 버터플라이밸브를 이용한다. 보통 안전을 위해 두 겹의 밸브를 두는데 하나는 자동화(유압, 공기압 또는 전기로)밸브로, 나머지는 수동밸브로 한다. 이는 자동밸브가 고장났을 경우 수동으로 조절하기 위함이다. 밸브를 주요소마다 두는 이유는 자동화의 이유뿐만 아니라 고장 시 또는 비상 시 밸브를 잠금으로써 수리를 가능하게 해준다. 밸브 문(게이트)이 칼처럼 생긴 나이프 게이트 밸브(Knife gate valve)가 섬유질이나 모래의 영향을 적게 받아 자주 이용된다.

　파이프라인은 두 가지로 구분할 수 있는데 대기압보다 높은 압력이 들어가는 라인과 압력이 없는 라인이다. 압력이 들어가는 경우는 펌프에 의해서다. 이때 파이프라인은 압력을 견딜 수 있는 재료여야 하며 그렇지 않은 경우는 손상이 가서 공기나 매체가 새어 나가는 경우가 많다. 압력에 적절한 라인은 마찰로 인한 압력이 줄어드는 것과 막힘현상을 막기 위해 적어도 지름이 100mm 이상이어야 한다. 반대로 지름이 너무 크면 유동속력이 낮아지므로 적합하지 않다. 속력이 낮으면 매체가 가라앉게 되고 결국 쌓여서 막히게 된다. 압력이 없는 파이프라인은 지름이 적어도 200mm 이상이어야 하며 원료에 따라 더 크게 할 수도 있다. 중요한 것은 침전이나 막힘현상을 방지해야 한다는 것이다. 그리고 경사를 적어도 2% 이상(높이/길이) 주어야 한다. 파이프라인은 연결할 때 적어도 90도 이상(직각연결은 문제를 일으킬 수 있음)으로 연결해야 하고 연결고리나 땜질이나 붙이는 과정에서 파이프라인 안쪽으로 부분적으로 들어가는 일이 없어야 한다(라인 안쪽은 매끈해야 함). 사이펀 등이 라인에 설치될 때는 겨울철에 얼어붙는 것에 대비해야 한다. 예를 들어 파이프라인이 막히는 것을 대비하여 매 5m

당 수리 목적용 플랩(열 수 있는)을 두어 문제를 해결할 수 있도록 한다. 예를 들어 PVC 재료는 온도가 60도 이상에 부적합하고 오랫동안 햇빛을 받으면 갈라질 수 있다.

6) 다이제스터 문제점들

만약에 소화조 안에 소화액 위로 떠 있는 층이 생기면 가스가 새어 나갈 수 없고 그것이 딱딱하게 굳으면 결국은 프로세스가 중단될 수 있다. 그때는 소화조 뚜껑을 열고 굴착기 등으로 퍼내야 하는데 이러한

그림 3-9 다양한 교반기 형태

경우에는 바이오가스플랜트 경제성에 큰 타격을 가하게 된다. 이러한 소화액의 위로 또는 아래로 층이 생기는 것을 사전에 방지해주고 원료를 잘 섞어서 가스가 새어 나가게 하고 온도가 골고루 일정하게 유지되도록 돕는 역할을 하는 것이 교반기이다.

그만큼 교반기가 중요하므로 교반기를 여러 곳에 설치하게 된다. 그러나 많이 설치된 만큼 전기에너지 소비량이 많아진다(많게는 플랜트전기생산량의 10%). 그래서 원료와 플랜트 크기에 따라 적절한 종류와 그 용량과 수로 적절한 곳에 설치하는 것이 매우 중요하다. 용량이 너무 작게 설치된 교반기는 밀어내는 힘이 약해 교반기 주변에서만 온도와 원료를 섞는 효과를 가져온다. 원료의 성질에 따라 원료가 잘 뜨는 경우는 위쪽에 그 반대의 경우는 교반기를 소화조 아래쪽 부분에 설치한다. 소화조 전체에 교반의 영향을 주려면 적절한 간격으로 여러 개의 교반기를 설치할 수 있는데 보통 회전속도를 다양하게 하고 위치를 다르게 두어 전체적으로 원료가 잘 섞일 수 있도록 한다. 주의해야 할 것은 원료가 잘 섞이는 것과 원료가 소화조 축을 중심으로 원을 그리며 그냥 돌아가는 것은 다르다는 것이다.

수중 프로펠러 교반기는 가장 오래전부터 바이오가스플랜트에 이용되었는데, 주로 가축분뇨같은 묽은 소화액에 적용되었다. 문제는 예전에 사용되던 낮은 용량의 모터를 대규모의 바이오가스플랜트에 적용할 때부터 발생하기 시작했다. 거기에다 에너지곡물이 원료로 사용되면서 플랜트 온도와 함께 금방 모터가 뜨거워져서 문제가 생기기도 한다. 또는 부하로 인해 교반기가 부서지거나 묶어놓은 자일이 끊어지기도 했다.

일반적으로 하나의 소화조를 위해 두세 개의 수중 프로펠러모터가 사용되기도 한다. 이것은 높이를 자유자재로 조절할 수 있다는 장점이 있고 빠른 회전속도로 주로 묽은 소화액을 섞는 데 편리하다. 예를 들어 소화액 위로 뜨는 층이 생기면 교반기를 위로 조정하여 그 층을 깨뜨릴 수 있다. 그러나 섬유질이나 점도가 높은 소화액에는 부적합하다. 그리고 프로펠러교반기의 영향반경은 그리 크지 않기 때문에 주로 날개가 크고 회전속도가 느린 형태의 교반기와 함께 적용되기도 한다.

긴 축을 가지고 있는 모터는 소화조 밖으로 나와 있고 반대쪽의 축은 소화조 안에 고정되어 있는 교반기 형태가 있다. 이것은 주로 다른 교반기보다 전기에너지 사용량이 많고 부하로 인해 소화조 안에 고정되어 있는 부분이 쉽게 망가지는 경향이 있지만 모터가 밖에 나와 있기 때문에 수리를 쉽게 할 수 있다는 장점이 있다. 그러나 긴 축을 가지고 있다는 것은 그만큼의 부하가 따르기 때문에 그 축이 휘거나 모터를 고정하고 있는 부분에 흔들림이 있을 수 있고 과도한 부하로 인해 모터가 쉽게 고장날 수도 있다. 또한 지속적인 흔들림을 통해 고무패킹이나 축과 교반기의 연결점에 문제가 발생할 수 있다. 프로펠러를 고치려면 소화조 안의 소화액을 빼낸 후에 수리할 수 있기 때문에 때로는 소화조 안의 바닥고정장치를 하지 않는 경우도 있다. 회전속도를 줄이고 프로펠러날개를 크게 하여 미는 힘을 크게 함과 동시에 부하를 줄임으로써 그 효과를 높일 수 있다.

옆으로 누워 있는 수평형 소화조에는 노를 수평형의 긴 축에 원을 그리며 교반하는 여러 개의 노를 젓는 것과 같은 형태이나 부하를 줄이기 위해 노의 머리를 가늘게 한 형태가 있다. 문제점은 긴 축을 바탕으로 여러 개의 노가 돌아가기 때문에 그 부하가 크고 여러 개의 노가 다양하게 돌아갈 때 위쪽은 노가 공기 중에 떠 있고 아래쪽은 노가 소화액 속으로 잠겨 들어가 돌기 때문에 다양한 부하가 걸릴 수 있다는 것이다. 그리고 수평형 플랜트는 원래 30% 이상의 높은 건조중량의 소화액을 위해 만들어졌기 때문에(플러그 플로를 추구하기 위해) 더욱 부하가 크다. 또한 축과 다이제스터 양쪽 벽과의 연결고리 그리고 모터와의 연결고리가 망가져서 가스나 소화액이 새어나가는 경우가 많다. 이것을 방지하고 부하를 크게 걸릴 것을 대비하여 사전에 넉넉한 축과 연결고리 그리고 모터용량을 고려해야 한다.

노를 젓는 형태는 건물함량과 점도가 비교적 높은 소화액을 섞는데 장점을 지닌다. 회전속도는 느리지만 미는 힘이 좋기 때문에 요즘은 이 형태가 수직형 다이제스터에 소규모로 적용되고 있다. 모터는 소화조 밖에 위치해 있으며 바닥에 기둥을 세우고 그 기둥과 한 벽면에 축을 놓은 후 프로펠러를 연결할 수 있다. 그 축에 서너 개의 노를 달아 놓은 형태이다. 그리고 소화액 농도가 낮은 경우 이 노는 별로 효과를 내지 못하기 때문에 종종 수중 프로펠러교반기와 같이 적용되기도 하는데 이는 서로의 장단점을 보완하는 형태이다.

노 형태는 부하를 크게 받는다. 그래서 축과 축의 연결점 또는 축과 모터와의 연결점에 문제가 생길 수 있고 축이 끊어질 수도 있다. 노 형태의 교반기는 전기가 나갔을 경우를 대비해 별도의 전기공급을 준비해 놓는다. 그렇지 않은 경우 점도가 높은 소화액은 반나절 안으로 층을 형성해서 더 큰 문제를 낳기 때문이다.

경제성 때문에 한정된 다이제스터 공간에 많은 가스를 생산하기 위해 경험 없는 플랜트운영자는 종종 원료를 많이 집어넣게 되는데 이때는 오히려 더 큰 문제가 발생한다. 그래서 원료주입량은 경제성뿐만 아니라 해당기계와 용량에 적절히 맞아야 한다.

가장 많은 문제가 일어나는 곳은 수중 프로펠러모터이다. 모터가 가열되거나 교반의 효과가 매우 낮기도 하고 마모가 되거나 프로펠러 날개가 부식이 되어 그 효과가 떨어지게 된 것이다. 다른 교반기에도 마찬가지의 문제가 발생할 수 있다. 소화조가 후속 소화조와 같이 있는 경우에는 분명히 소화조에 있는 교반기가 후속 소화조의 교반기보다 문제가 더 많다. 후속 소화조에는 소화액이 소화조에서 어느 정도 소화가 되어 넘어온 상태라 더 묽기 때문이다.

이처럼 교반기에 문제가 많이 일어날 수 있고 전기에너지가 많이 소모되기 때문에 교반기가 없거나 적게 필요한 형태의 소화조가 관심을 끌기도 한다. 주로 실린더 형태의 키가 큰 형태의 소화조가 관심을 끄는데 이 소화조는 키가 작고 넓은 형태의 소화조(콘크리트로 되어 있고 가격이 싸고 짓기 쉽다는 이유로 독일 대부분의 소화조가 이 형태임)보다 열 손실이 적고 무엇보다 교반기가 필요하지 않다. 그래서 높은 건조중량을 유지하고 운행할 수 있으며 교반기 대신 펌프를 통해 교반을 한다. 그러나 이러한 형태의 소화조는 일반적으로 소용량의 원료에 많이 이용되고 상대적으로 가격이 비싸다는 단점이 있다.

7) 미생물 문제점들

독일연구소에 있다 보면 자주 겪게 되는 것이 여러 바이오가스플랜트에서 온 상담의뢰이다. 독일에는 지금 7,000기 이상의 바이오가스플랜트가 운영되고 있고 여러 가지 문제가 발생하고 있다.

어느 날부터 가스생산량이 줄기 시작했다, 플랜트 내부에 거품이 나타나기 시작했다 등 여러 가지 문제와 샘플을 가져와서 그 원인과 대책을 의뢰하는 것이다. 사람이 병들어 의사를 찾아온 경우에는 의사가

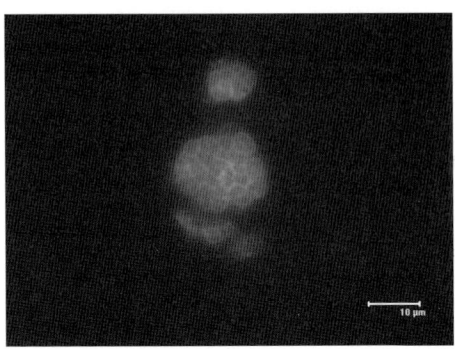

그림 3-10 메타노사르치나(Methanosarcina)과의 메탄생성균

환자를 진찰할 수 있고 맥박을 측정하며 엑스레이 등을 찍을 수 있지만 우리가 할 수 있는 것은 대부분 유기산과 FOS/TAC(유기산/완충능) 그리고 NH_3나 미네랄을 분석하는 것 등이고 바이오가스플랜트 안에서 실제적으로 무엇이 발생했는지 알아내기가 쉽지 않다. 어두울 뿐만 아니라 여러 가지 잡다한 장애요소 때문에 화학적·생물학적으로 다양하게 분석하는 것이 쉽지 않기 때문에 많은 문제가 미해결로 남게 되기도 한다. 그러나 여러 가지 상황 속에서 미생물을 관찰하고 그에 따른 측정방법들이 계속해서 발전하게 된다면 현재보다 더 빠르고 정확하게 문제를 진단할 수 있을 것이다. 예를 들면 가축우리에서 사용된 세제나 살충제가 플랜트 안으로 들어가 문제를 일으켰거나 원료가 부분적으로 또는 한꺼번에 많이 들어가 생성된 유기산에 의해(특히 $C_3H_6O_2$) 메탄생성에 문제가 생긴 경우들이 있다.

이처럼 바이오가스 프로세스를 이해하려면 미생물의 생태를 잘 알아야 한다. 먼저 원료가 들어가게 되면 주로 박테리아가 내보내는 효소를 통해 지방, 단백질, 탄수화물이 잘게 지방산이나 아미노산 또는 당으로 분해가 된다. 이것이 연이어지는 박테리아 그룹을 통해 $C_2H_4O_2$,

$C_3H_6O_2$ 등의 쉽게 휘발되는 짧은 유기산이나 알코올로 바뀐다. 생성된 산으로 인해 pH값이 낮아지고 휘발이 잘되기 때문에 냄새가 나는 것이다(냄새를 제거하기 위해서는 가스는 통과하고 이러한 유기산이나 액체는 통과하지 못하는 플라스틱 막을 이용할 수 있고 그 효율도 좋음). 이 부분에서 왕성하게 활동하는 박테리아는 비교적 낮은 pH값(4.5~5.5)에서 잘 자란다. 유기산과 알코올이 생산되면 더불어 CO_2가 많이 생산되고 더불어 H_2도 생산된다. 어떤 연구그룹은 바이오수소가스를 생산하기 위해 여기에 해당되는 박테리아(예를 들면 clostridia)를 이용하기도 한다. 바이오수소가스를 생산하기 위해서 빛을 필요로 하는 박테리아(예를 들면 cyanobacteria, algae)가 이용되기도 한다. 유기산들은 계속해서 미생물에 의해 $C_2H_4O_2$으로 분해되기도 하고 $C_2H_4O_2$이나 H_2와 CO_2를 이용하여 CH_4이 생산된다. 이 과정은 H_2를 주고받는 미생물 간의 공생관계에서 이루어진다. 이런 과정에서 유기산들이 분해되고 CH_4이 생산되면서 pH값이 7 이상으로 보통 유지되게 된다.

마지막 단계에서 이처럼 가장 작은 $C_2H_4O_2$이나 CO_2 그리고 H_2가 주원료로 미생물 간에 주교환되고 거기에서 CH_4이 생산된다. 앞 단계의 박테리아 그룹보다 주원료 크기가 작을 뿐만 아니라 적절한 pH값도 틀리고 메탄생성균은 주변환경의 변화와 먹이(원료)의 변화에도 민감하다. 또한 앞의 박테리아그룹보다 성장속도도 매우 느리다(즉 먹기는 하지만 성장하는 데 사용하지 않고 메탄을 생산하는 데 에너지를 많이 사용함). 공생을 하고 민감하기 때문에 실험실에서의 배양 성공률도 매우 낮다.

이처럼 크게 두 그룹의 미생물의 최적 pH환경과 성격이 다르기 때문에 프로세스를 둘로 구분해서 각각의 환경을 알맞게 조절하려는 시도도 있다. 첫 번째 그룹의 박테리아들은 먹은 만큼 에너지를 주로 성장·번식하는 데 사용하기 때문에 원료의 변화와 환경의 변화에도 빠르게 적응한다. 즉 먹이가 많이 들어오면 그만큼 빨리 성장하여 그 환경에 적응하는 것이다. 그러나 두 번째 그룹의 미생물은 상대적으로 느리게 성장하고 번식하며 주변의 변화에 느리게 반응한다. 즉 유기산이 한 번에 너무 많이 생산되면 두 번째 그룹의 미생물은 그것을 처리하지 못하고 만다. 그 결과로 유기산은 더 증가하게 되고 pH값은 떨어지게 되어 두 번째 미생물그룹의 활동은 중단되고 만다. 그래서 이 메탄을 생산하는 미생물의 활동력을 높이고 유지하는 것이 연구의 과제이다.

또 문제는 너무 자주, 또는 많이 원료를 공급하게 되면 그만큼 반대쪽으로 다 소화되지 못한 원료가 같은 양으로 나오게 된다. 이때 소화되지 못한 원료로 인해 전체 분해효율도 떨어질 뿐만 아니라 원료가 나올 때 메탄생성균도 같이 따라 나올 수 있다. 어렵게 많이 증식시켜 놓은 메탄생성균이 빠져나오면 더 큰 손해인 것이다. 다시 정상으로 돌이키려면 많은 시간이 걸린다. 그래서 어떤 프로세스는 미생물이 정착하기 좋은 필터나 물건을 넣어 미생물의 수를 지키려는 시도도 있다. 또는 빠져나오는 소화액을 계속 순환시키거나 또는 이 소화액을 새롭게 들어오는 원료와 섞어서 공급하기도 한다. 이런 여러 가지 현상이나 문제를 미리 발견하기 위해 여러 분석을 주기적으로 하기도 하는데 예를 들면 유기산량 분석, FOS/TAC, NH_3, 유기물의 건물함량, 가스분석 및 화학성분분석 등이 있다. 또는 직접 메탄생성 균수를 주기적으로 확인하기도 한다. 원료의 공급만큼 소비가 따르지 않으면 소화조 안에 위아래로 층이 생길 수 있다. 특히 원료가 상대적으로 가볍거나 섬유질일 때 위로 뜨게 되는데 이것이 소화액 윗면을 덮기 시작하면 원료공급을 중단하거나 줄이고 물을 상대적으로 많이 넣어 조심스럽게 교반을 해서 깨뜨려야 한다. 교반기 용량의 문제일 때는 교반기의 수를 늘리거나 시간을 늘려야 한다. 한 번에 갑작스러운 층을 제거하는 것은 갑작스러운 많은 원료투입과 같은 문제를 발생시킨다. 지닌다. 이러한 경우에는 소화액이 부분적으로 또는 전반적으로 산성화가 되어 부분적으로 또는 전체의 프로세스가 중단이 되고 만다. 그래서 평상시에 원료를 주입할 때 층이 생기지 않는지, 산성화가 되지 않았는지 검토해야 한다. 원료를 주입할 때도 한꺼번에 뭉텅이로 들어가지 않도록 해야 한다. 원료가 뭉텅이로 들어갈 때 O_2와 같이 들어간다. 이것은 잘 섞이지 않을 뿐만 아니라 그 부분이 쉽게 산성화될 수 있다. 또한 원료의 종류를 바꿀 때도 한꺼번에 하는 것보다 조금씩 교체하는 것이 좋다. 그리고 미생물이 새로운 원료에 적응하는 시간이 필요하기 때문에 그 양에 따라 며칠씩 적응시간을 주어야 한다. 따라서 자주 원료가 바뀌는 것은 바람직하지 않을 수 있다. 또한 미생물이 적응할 수 있도록 처음 시작할 때 온도를 높이게 될 때는 하루 또는 일주일당 1도씩 서서히 올리는 것이 좋다.

여러 가지 미생물의 성장엔 미네랄영양소(Se, Ni, Co, Fe, Mg 등)가 필요하다. 무엇이 필수요소이고 그 양이 무엇이며 그 효과에 대해서 많은 연구가 진행 중이다. 표 3-1은 독일에서 사용되고 있는 미네랄 공급의 한 예이다. 먼저 물을 가지고 미네랄 용액을 만들어서 필요한 양만큼 집어넣거나 아니면 미네랄 가루를 직접 플랜트에 필요 시에 주기적으로 집어넣기도 한다. 예를 들어 미네랄을 공급할 때 착화제(Nitrilotriacetic acid; NTA(complex agent))를 넣거나 $FeOH_2$(수산화철)

표 3-1 메탄생성미생물에 필요한 미네랄

매체 144-DSMZ	매체에서의 최종 농도 (μg/ℓ)
Nitrilotriacetic acid(NTA)	6400
$FeCl_2 \times 4H_2O$	5.61
$MnCl_2 \times 4H_2O$	2.78
$CoCl_2 \times 6H_2O$	22.3
$CaCl_2 \times 2H_2O$	2.72
$ZnCl_2$	4.8
$CuCl_2 \times 2H_2O$	0.75
H_3BO_3	0.17
$Na_2MoO_4 \times 2H_2O$	0.40
$NiCl_2 \times 6H_2O$	0.64
NaCl	39.38
$Na_2SeO_3 \times 5H_2O$	0.6

을 먼저 넣는 이유는 소화액 속에 있는 H_2S나 H_2CO_3(탄산) 등이 미네랄과 결합하여 박테리아가 사용할 수 없는 상태(고체 상태)가 되기 때문이다. NTA도 미네랄과 결합하게 되는데 이 형태는 박테리아가 흡입 가능한 상태라고 한다. 일반적으로 박테리아는 미네랄이 물에 녹아 있는 상태, 즉 이온상태의 것을 사용할 수 있다.

예를 들어 원료가 옥수수 한 종류이면 시간이 지날수록 미네랄 결핍이 일어날 수가 있다. 여기서 프로세스의 효율이 시간이 흐르면 떨어지는 것을 볼 수가 있다. 이때 필요한 미네랄영양소를 분석한 후 미생물이 흡수할 수 있도록 필요한 만큼 공급해주면 바로 그 효과를 볼 수 있다. 중요한 것은 이 미네랄이 미생물이 흡수할 수 있는 상태이어야 한다는 것이다. 예를 들면 소화액에 있는 H_2S가 미네랄과 결합하여 침전을 일으킬 수 있기 때문에 미네랄 공급 이전에 수산화철 등을 넣어 H_2S를 제거(침전)해야 한다. 미생물흡수율을 높이기 위해 미생물분해가 가능한 착화제(complex agent)를 넣어주기도 한다.

원료에 단백질이 많이 포함되어 있거나 원료가 여러 종류일 때는 그것이 빠르게 분해될 때 소화액 표면에서 가스생성으로 인한 거품이 발생한다. 거품의 원인이 박테리아에서 생성되는 어떤 물질(또는 박테리아가 죽어 분해되면서 생성되는 물질)이라는 연구가 있지만 아직까지 그 정확한 원인이 밝혀지지 않았다. 거품이 파이프라인이나 여러 기계로 들어갈 때는 문제를 일으킬 수 있다. 가끔씩 농장에서 사용되던 항생제 등(예 : $CuSO_4$)이 바이오가스플랜트로 들어와 문제를 일으키기도 한다.

독성이 있는 H_2S나 NH_3의 농도를 줄이기 위해 교반을 잘해줌으로써 액체상태의 것이 기체로 빠져나가도록 하거나 황, H_2S의 농도가 상당히 높을 때는 그 양을 시급히 줄이기 위해 철염류 등을 집어넣어 침전시키기도 한다.

독일에는 이러한 미네랄이나 완충제 등을 전문적으로 판매하는 회사들이 여러 개 있고 또한 바이오가스플랜트 샘플을 전문적으로 분석 및 관리해주는 연구실 및 회사들이 늘어나고 있다.

8) 재료선정 문제점들

플랜트재료를 선정할 때 주의해야 할 것은 녹슬고 부식되는 것을 방지해야 한다는 것이다. 이것을 주의한다 하더라도 그 피해가 예상보다 크다는 이야기를 현장에서 종종 듣는다. 이런 경우에는 그 부분이나 전체설비를 교체해야 되는 상황이 올 수가 있다. 특히 H_2S를 제거하기 위해 공기를 주입하기도 하는데 H_2S가 공기 중의 O_2와 결합하여 S로 산화가 된다. 이 황은 노란색으로 바이오가스플랜트에서 자주 보게 된다. 벽이나 철 위에 쌓인 황은 공기 중의 O_2와 함께 박테리아를 통해 황산으로 변하게 되고 콘크리트벽, 플라스틱, 표면작업이 안 된 철재료 등을 산화부식시킨다. 즉 교반기, 밸브, 열교환기, CHP 등 각종 설비에 손상을 입히게 된다. 이것은 끊임없이 반복되는 대표적 문제 중 하나이다. 이를 방지하기 위해서는 재료선택을 잘 해야 한다. 또는 미생물을 이용한 방법이 아니라 플랜트 밖의 활성탄을 이용한 H_2S제거장치를 둘 수 있다. 산에 의한 부식을 방지하기 위해 벽면에 폴리에틸렌(PE) 또는 폴리아미드(PA) 등을 커버하기도 한다.

9) 건축과정 문제점들

독일에서 건축을 위한 허가를 받기 위해서는 전문설계사무소에서 모든 기술적 자료를 준비하고 필요한 분석 및 조사를 해당전문기관에 위탁하며 그 결과를 모아서 자료를 만들어 그것을 관공서에 제출하게 된다. 제출 시에 모든 설계도면 및 계획서, 조사결과 그리고 관련 각종

그림 3-11 플랜트의 내부 모습

천장에 나무로 된 틀이 있어 가스저장조와 플랜트를 구분하는 역할을 하고 또한 H_2S를 산화시키는 박테리아가 그 나무 위에서 서식할 수 있도록 하고 있다.

계약서가 전달되게 된다. 준비과정에서 플랜트주인은 적극적으로 참여하여 충분히 이해를 하고 원하는 바를 확실하게 전달하며 그것이 반영되었는지 검토해야 한다. 관공서에서 허가를 하게 되면 플랜트주인(운영자)은 관공서에서 허가받은 자료를 보관할 뿐만 아니라 면밀히 검토해야 하고 이상하다고 생각이 되는 부분에는 건축 시작 전에 반드시 관공서에서 그 부분에 대해 명확하게 해야 한다. 이러한 과정들이 나중에 추가로 발생할 수 있는 건축비용과 운영비용을 상당히 줄이는 효과를 낸다. 건축 시에는 콘크리트 작업 전에 건축구조엔지니어를 통해 검사를 하게 하고, 여러 가지 소화조를 지을 때는 전문기관을 통해 가스누출테스트를 해야 한다. 예를 들어 벽면과 바닥의 고무패킹 등은 나중에 볼 수가 없기 때문에 사진으로 자료를 남겨야 한다. 건축이 마무리되면 플랜트주인은 허가자료에 기록된 대로 건축이 되었는지 그 크기와 종류를 비교, 측정 검토해야 하는 것이 의무이므로 여러 가지 규정대로 건축과 설비가 되었는지 검토해야 하는데 그렇지 않은 경우가 많다. 규정대로 건축과 설비가 되었는지 안 되었는지의 책임은 건축자나 설비자에게 있는 것이 아니라 플랜트주인(운영자)에게 있다. 그래서 플랜트주인은 해당 전문책임자와 함께 사전에 서면으로 건축자나 설비자에게 규정(안전규칙 등 해당되는 여러 법적 규정들)대로 지을 것을 명확히 요구해야 한다. 플랜트주인이 안전규칙과 여러 규정을 주의하고 지키는 것에 책임이 있기 때문에 플랜트주인은 계획단계 이전에 관련전문기관(협회)을 통해 상담을 받고 그 자료를 준비하는 것이 도움이 된다.

10) 시운전단계 문제점들

시운전단계는 안전사고 면에서 매우 주의를 필요로 한다. 처음에는 모든 것이 비어 있고 공기가 채워져 있기 때문에 이때 CH_4이 나오기 시작하면 폭발 위험이 있다. 그래서 불꽃을 일으킬 수 있는 모든 것에 대한 주의와 안전장치가 요구된다.

예를 들면 교반기를 주의해야 하는데 처음단계, 즉 주원료주입 전 오직 소화액만 들어 있을 때에는 교반가동을 하지 않거나 수중의 교반기만 가동시킬 수 있다. 이 때는 가스라인을 차단하고 공기가 가스저장조나 플랜트 안으로 들어갈 수 없도록 해야 한다. 이 단계에서 생성되는 가스는 가스압력안전장치를 통해 공기 중으로 내보내다가 가스가 50% 이상 메탄으로 될 때부터 생성되는 가스를 가스라인이나 가스저장조에 채워 넣는다.

그 다음에는 가스압력안전장치 가동을 시작한다. 이 단계에서 원치 않게 CH_4이 어느 정도 밖으로 나오게 되는데 CH_4을 마시게 되면 어지러움이나 구토증상을 일으킬 수 있으므로 조심해야 한다. 이때는 신선한 공기와 함께 환자를 눕힌 다음 신속하게 의사에게 알려야 한다.

프로세스를 시작할 때 두 가지를 동시에 주의해야 한다. 한편으로는 플랜트 경제성 때문에 가능하면 빨리 가스를 최대한 내야 하고 CHP를 풀가동시켜야 한다. 다른 한편으로는 원료를 넣고 온도를 높이며 미생물을 거기에 천천히 적응시켜야 하는 어려운 점이 있다. 가능한 빨리 미생물이 적응하기 위해 다른 플랜트에서 나온 소화액이나 슬러지 또는 가축분뇨를(필요 시 물을 넣어 약간 묽게 할 수 있음) 먼저 다이제스터 중간 높이 정도 채워 넣은 다음 하루당 1도씩 온도를 올려

나간다. 이때는 주원료를 넣지 않고 CH_4이 나오며 목표온도치까지 다 올리게 되면 가축분뇨나 소화액을 최고 작업볼륨까지 채워 넣는다. 이 때부터 바이오가스량 본격적 계산이 가능하다. 그리고 CH_4이 50% 이상될 때까지 기다려야 한다. 그 이유는 CHP를 안전을 위해 적어도 45% 이상 메탄이 되어야 하기 때문이다. 이것은 원료콘트롤의 기준이 되고 이에 따라 천천히 원료를 집어 넣고 단계적으로 그 양을 조금씩 올린다. 첫째 주는 0.25~0.4kg ODW/(m³×d)로 유지하고(ODW, organic dry weight, 또는 oTS) 이런 식으로 매주 0.25kg ODW/(m³×d)정도 단 계적으로 올려서 CHP의 풀가동까지 도달한다. 너무 빨리 올리게 되면 원료산성화로 인해 프로세스가 중단될 수 있다. 이러한 과정에서 여러 가지 생물학적·화학적 분석을 통해 프로세스를 주의 깊게 관찰해야 한다. 하루당 가스량, 메탄분석, 유기산량, 원료주입 전과 후의 건물함 량, 유기물함량 등을 조사하여 그 효율을 분석할 수 있다. 각각의 프로 세스와 원료의 성격에 따라 원료주입 시작부터 CHP의 풀가동까지 15~40일 이상 걸릴 수 있다.

11) 플랜트운영 시 문제점들

여름철에는 자연적으로 온도가 올라가기 때문에 가끔씩 가온을 할 필 요가 없게 된다. 그래서 여름철에는 남는 열을 어떻게 이용할지에 대 한 대책이 필요하다. 프로세스가 시작되고 겨울이 찾아오면 또 다른 문제가 생길 수 있다.

　겨울이 유난히 춥고 길면 더욱 그럴 것이다. 원료주입기가 얼어붙 거나 가스저장조를 지탱하는 부분에 문제가 생길 수 있다. 원료주입기 임시저장조는 늘 덮개를 덮어놓아야 한다. 임시저장조에는 늘 어느 정도 원료를 담아놓는 것이 동파방지에 도움이 되고 원료주입간격을 더 좁혀서 자주 공급하는 것이 도움이 된다. 물기가 모이거나 있는 곳에 기본적으로 문제가 일어날 수 있다. 가스라인 지름이 좁은 경우에는 쉽게 얼 수가 있고 매우 추울 때는 땜질한 곳이 상할 수 있다. 주로 땜질한 곳은 열 손실도 많고 겨울철엔 쉽게 손상도 갈 수 있다. 냉각기가 고장나거나 CHP에 물이 순환하는 파이프가 얼 수 있는데 부동액을 넣고 또한 물기를 제거함으로써 겨울철에 적어도 -30도까지 얼어붙지 않도록 조치를 취해야 한다. 지하의 파이프라인은 넉넉히 적어도 80cm 이상 깊게 파서 깔아야 하고 온도절연을 해야 한다. 특히 플라스틱 파이프라인일 경우 온도에 어느 정도 민감한지 미리 살펴야 한다. 온도절연을 하지 않은 원료샘플링을 하는 곳이나 원료파이프라인은 그에 맞는 온도절연박스로 덮는 것이 좋다. 가스라인 가운데 밸브로 닫아 놓은 곳에는 그로 인해 응축수가 고일 수 있으므로 겨울철에는 가끔씩 밸브를 열어 두어 응축수가 고이지 않게 하거나 밸브를 계속해서 열어 놓을 수도 있다. 그 밖에도 습기가 찰 수 있는 곳에 주의를 기울여야 한다. 플랜트주인은 가을철이 되면 직접 동절기 한파를 대비하기 위해 플랜트를 정밀하게 살피고 대책을 세워야 한다. 예를 들어 어느 곳에 물기를 제거하는 것을 잊어버리게 되면 그때는 이미 늦은 것이다. 따라서 겨울철 동파방지를 위해 플랜트의 모든 부분과 설비에 대한 체크리스트를 만들어야 한다.

2. 바이오가스 안전규칙

1) 안전규칙 기본

바이오가스 안전규칙은 관청의 허가 시에 필요한 자료가 되고 또 검증된다. 바이오가스 안전규칙은 플랜트의 종류, 건축 형태, 플랜트 상태, 프로세스 형태, 플랜트 위치 등에 따라 다르게 적용되어야 한다. 예를 들어 원료의 종류와 양에 따라 가스의 양과 상태가 달라지기 때문에 그에 따른 안전조치가 달라지기 마련이다. 또한 주택가 주변 또는 수자원보호구역인 경우에는 별도의 안전조치가 따르게 된다. 만약에 소화조에 정상적인 양보다 많은 원료가 자주 투입되었을 경우 가스가 많이 생산되어 소화조 안의 가스압이 증가하게 된다. 이때 가스압력안전장치를 통해 가스가 밖으로 자주 더 많이 새어 나오게 된다. 이러한 경우는 위험도가 평상시보다 커지게 되기 때문에 플랜트주인은 이것을 폭발위험지역으로 표시를 하되 그 정도를 평상시보다 높여서 표시

그림 3-12 가스압력안전장치

해야 한다. 즉 위험구역표시의 크기는 가스량과 가스상태에 따라 달라져야 한다는 것이다. 또한 번개가 떨어질 경우를 대비해서 주요요소마다 안전조치를 취해야 하며, 닭똥이나 음식물쓰레기를 처리할 경우에 NH_3나 유해한 가스가 생산될 수 있기 때문에 별도의 모니터링과 그에 따른 처리방법이 제시되어야 한다. 독일의 경우에는 안전사고의 모든 책임은 플랜트주인에게 있으므로 평상시 주의와 모니터링에 대한 점검일지를 작성해야 한다. 즉 플랜트주인은 자신의 플랜트에 대한 모든 예상위험지역과 그 정도평가 그리고 그에 따른 대책마련, 전문가를 통한 위험분석, 직원들에 대한 안전교육 및 운전교육, 방문자교육, 주기적 콘트롤 및 보수유지 등을 시행하고 그에 따른 일지를 항상 준비하고 있어야 한다. 사고 발생 시 플랜트주인은 그것을 자료로 보여주어야 하는 의무를 갖고 있다. 일반적인 실수는 다음과 같다. 플랜트설비에 대한 잘못된 기술정보, 전기중단, 인위적 실수, 화학물질사고, 측정기계의 오류(압력, 온도, 상태, 소화액, 가스, pH 등) 등인데 이러한 실수로 사고가 발생할 수 있다. 가장 큰 위험요소는 부적합한 보수인력, 운전인력이라고 볼 수 있다. 특히 건축 시 또는 수리 시에 다양한 회사들이 와서 일을 할 수 있고 그와 더불어 여러 방문자들이 생길 수 있다. 이때에 명확한 안전표시 및 안전교육이 실시되지 않을 경우, 예를 들어 쉬는 시간에 담뱃불을 붙이다가 가스폭발사고가 일어날 수 있는 것이다.

2) 재료선정관련 안전규칙

적용된 모든 재료는 사용목적에 적합해야 하며 그에 따른 품질보증서가 보관되어 있어야 한다. 가스파이프라인은 전문가가 설치해야 하며 설치 이후 가스누출에 대한 검증이 있어야 한다. 플랜트 밖의 가스파이프라인은 별도의 안전주의가 요구된다. 플라스틱가스라인은 실외와 지하에 설치가 가능하고 지상설치는 오직 가스저장조나 소화조 등을 연결하는 목적으로만 가능한데 지상설치 시 기계적인 또는 온도의 변화로 인해 늘어나거나 휘는 현상을 방지해야 한다. 특히 장기간 햇빛에 노출되면 플라스틱의 성질변화가 쉽게 일어날 수 있다.

가스라인은 매체에 대한 화학적 안전성, 온도와 압력 또는 환경적 변화(폭설, 바람 등)에 대한 안전성이 보장되어 있어야 한다. 가스라인과 그에 따른 모든 연결장치들은 구조적인 강도가 적어도 1bar가 보장되어 있어야 한다. 바이오가스라인 재료로는 스테인리스강이나 표면처리된 철, PE-HD, PVC-U 등이 가능하다. 특히 소화조 등에 연결되는 지점에는 가스나 물이 누출되거나 부식되지 않도록 특별한 주의가 필요하고 이 부분에 대한 전문적인 설치가 요구된다.

3) 정전 관련 안전규칙

전기가 나갔을 경우 자동잠금장치나 작동중지장치가 설치되어 있어야 하며 또한 비상시를 대비해서 주요기계에는 별도의 비상작동중지버튼이 있어야 한다. 그리고 수동으로 가스라인 등 밸브를 닫을 수 있도록 한다. 특히 가스압축, 가스정제, 가스분석 등 가스를 다루는 곳에는 특별한 주의가 요구된다. 전기적 불꽃, 점화 등으로 인한 폭발을 방지하기 위해 일단 모든 기계표면에 근본적으로 전기가 흐를 수 없도록 처리해야 하고 건물 안이나 가스가 있는 곳으로부터 분리시켜야 한다. 밀폐공간에서 가스를 제거하고 뜨거운 표면, 뜨거운 가스, 기계적 마찰, 전기적 불꽃 등의 점화를 일으킬 수 있는 요소를 주의해야 한다.

또한 전기공급이 끊어질 경우를 대비해 보조에너지장치를 둘 수 있다. 주요 기계에 대한 비상작동중지버튼은 플랜트 밖에도 별도로 설치해서 안전하게 처리할 수 있도록 한다. 그 밖에도 원료주입기, 가스펌프, 가스이용장치, 교반기, 소화액량측정, 소화액최대높이안전장치, 소화액제거펌프 등은 소프트웨어의 콘트롤뿐만 아니라 하드웨어 자체에서 콘트롤이 가능할 수 있도록 해야 한다. 그리고 정전, 알람작동, 문제발생 시에 무선으로 플랜트운영자와 주인 핸드폰으로 자동으로 연결될 수 있도록 한다. 원료주입기와 소화액제거펌프는 운전시간이 모니터링될 수 있도록 하고 건물과 펌프실 등에 물이 새는지 확인하기 위한 습기센서를 둔다. 그 밖의 상황은 관련 소방소와의 협력이 필요하고 관련된 모든 자료는 서면으로 보관되어야 한다.

4) 운전지침서 관련 안전규칙

운전지침서 또는 안내서는 운전자, 기계사용자 또는 방문자에 대한 기계, 플랜트, 프로세스, 사용물질과 안전 등에 대한 지침서로 서면으로

그림 3-13 바이오가스로 인한 화재

되어 있고 누구나 쉽게 이해할 수 있도록 준비되어 있어야 한다. 특히 외국인이 직원으로 있을 경우에는 외국어로도 표기되어 있어야 하며 어떤 위험요소가 있고 그에 따른 대책이 무엇이며, 기술 및 프로세스 설명이 상세히 적혀 있어야 한다. 운전지침서에는 바이오가스플랜트와 다루는 물질 및 위험요소에 대한 일반적인 설명이 있고 플랜트 프로세스에 대한 기본적 설명이 들어 있다. 평상시 모니터링은 플랜트의 원료량과 다이제스터 상태, 지하의 구조들, 가스라인, 가스압축기, 가스 플레어, CHP 등에 대해 이루어진다. 그리고 예상되는 문제와 정도에 대해서 표시한 이후 그에 따른 대책이 마련되어 있다. 이에 따른 안전조치에는 기술적, 행정적 그리고 개인적인 조치로 구분되어 있어야 한다. 예상되는 알람장치와 관련기관 및 조치들에 대해 서술되어 있어야 한다. 이 운전지침서는 가스폭발방지서류와 함께 안전운행을 위한 중요한 자료가 된다.

5) 건축, 설비관련 안전규칙

건축의 모든 부분에 대한(토목, 건축, 소화조, 가스저장조 등) 각각의 보증서를 설비업자, 건축자 또는 전문가로부터 받아야 한다. 각 보증서에는 그 모든 기계들에 대한 상태보증도 있어야 한다. 그리고 비상시를 대비해서 소방차가 들어올 수 있는 길과 자리를 마련해야 하고 속도제한 등 차가 들어올 때 충돌위험요소를 제거해야 한다. 소화조에는 일반적인 재료사용이 가능하지만 가스가 나오는 곳은 가스폭발위험부분으로 경계를 해야 하며 그 부분에 (주변 1m) 한해서는 불이 쉽게 붙지 않는 재료를 사용해야 한다. 가스가 새어 나올 수 있는 모든 탱크, 다이제스터 소화조에는 가스압력안전장치가 있어야 한다. 이것은 주변의 온도변화, 거품발생, 대기압력의 변화, 소화액량의 변화 등으로 인한 플랜트 안의 가스압력변화에 대비할 수 있는 압력장치이다. 그 안에 채워진 액체는 새어나오지 않도록 잠금장치가 고무패킹 등으로 안정되게 고정되어 있어야 하고 압력의 변화로 액체의 위치가 변하더라도 다시 저절로 원상태로 돌아올 수 있도록 해야 한다. 압력안전장치가 고장이 났을 경우를 대비해서 같은 기능을 가진 또 하나의 압력안전장치를 더 설치할 수 있다. 즉 두 겹의 안전장치를 두는 것이다. 그리고 모든 소화조에는 소화액 저장높이 안전장치를 두어 소화액이 과도하게 채워지지 않도록 해야 한다. 예를 들면 일정 높이에 센서를 두어 콘트롤하거나 소화액이 일정 높이에 도달하게 되면 저절로 파이프를 통해 소화액저장조로 넘어가도록 하는 것이다. 이 파이프는 동절기 한파를 대비해 온도절연을 해 놓아야 한다. 진동이 있고 움직이는 모든 기계(펌프, 압축기 등)에는 진동보정장치를 파이프 사이에 두어 진동으로 인해 파이프라인과의 연결점이 손상되지 않도록 한다. 그리고 모든 파이프라인은 그 매체의 종류와 방향을 파이프라인에 표시해 놓아야 한다.

바이오가스플랜트의 모든 입구에는 표시판을 달아 두어야 하는데 불을 붙이는 행위나 담배를 피우는 것을 금지하고 허가받지 않은 사람의 출입을 금지한다는 것을 표시해야 한다. 위험발생가능성이 있는 곳에는 그것을 잘 보일 수 있는 곳에 이해될 수 있게 표시해야 하는 의무가 있다. 제일 중요한 것은 위험발생요소를 사전에 제거하는 것이다. 이러한 안전장치는 환경보호와도 직결되는데 예를 들면 소화조나 파이프라인에서 발생할 수 있는 원치 않는 소화액유출사고, 또는 가스라인이나 소화조 등에서 발생할 수 있는 원치 않는 가

그림 3-14 바이오가스플랜트의 안전표시판 예

스유출사고 등이있다. 또한 사용되는 기름 등이 새어나가지 않도록 두 겹으로 탱크를 만들거나 그 밑에 기름이 새었을 경우를 대비해 기름이 밖으로 퍼져나가지 않도록 잠시 가두어 놓을 수 있는 수조를 만들어 놓을 수 있다. 땜질이나 지하의 설비는 더욱더 전문가의 협력이 더욱 필요하다. 특히 지하의 설비에는 가스가 고일 수 있으므로 특별한 주의가 필요하다. 가능한 한 지상에 설비와 플랜트를 설치하는 것이 그 이유가 된다. 모든 보수, 수리 및 검사는 서면으로 보관되어 있어야 한다.

3. 안전관련 바이오가스플랜트 주요 설비들

1) 원료저장탱크

좋은 품질과 원료확보가 안전한 플랜트 운전의 첫걸음이라면 그 다음은 원료의 안전한(양과 질 측면에서) 저장이 된다. 그래서 원료에 따라 원료를 어떻게 얼마만큼 저장하는가를 결정하는 것이 매우 중요하다. 원료저장탱크에서 원료가 들어가는 입구에는 사람이 실수로 넘어져 안에 빠지는 것을 방지해야 한다. 일을 할 수 있는 자리와 입구위치 설정은 바람이 부는 방향을 고려해서 설치하되 가스가 새어나왔을 경우에 바람을 타고 사람쪽으로 오는 것을 방지해야 한다. 원료저장조에서 박테리아의 활발한 활동으로 인해 O_2부족현상이 일어날 수 있고 이로 인해 사람에게 현기증(질식)이 일어날 수 있다. 그래서 자동 및 수동으로 인한 자연적 또는 기술적인 환기장치가 있어야 한다. CH_4을 환기시키기 위한 장치설정은 최대 생산가능한 CH_4량을 바이오가스생산량과 유입되어야 할(또는 밖으로 빼내야 할) 공기유량과의 합으로 나눈 값이 공기 중의 CH_4 폭발가능성한계의 50%(즉 2.2 Vol% CH_4)보다 크게 잡아서 설치해야 한다. 주기적으로 공기환기장치를 점검하고 그것을 플랜트운행일지에 기록한다. 지하나 반지하의 탱크나 벙커 형태의 원료저장조는 정상적인 작업장소가 아니며 들어갈 때는 O_2나 CO_2를 측정하고 들어가야 한다. 필요시 산소호흡기를 이용해야 하고 반드시 혼자서는 거기서 일을 하지 않도록 해야 한다.

그림 3-15 분리되지 않은 쓰레기

2) 전처리 과정

들어온 원료는 소화조에 주입되기 전에 전처리과정을 겪는다. 화학적·물리적 처리를 통해 원료가 작고 균질되게 하는 것이 목적이다. 또는 주입 전에 소화액과 원료를 섞기도 한다. 이러한 전처리과정에서 메탄(CH_4), CO_2, H_2S, NH_3 등의 여러 가지 가스가 발생될 수 있으므로 이 과정에서 환기가 중요하다. 특히 음식물쓰레기 등과 혼합시킬 경우에는 예상할 수 없는 물질의 혼합이 되기 때문에 더욱 주의해야 한다.

일반적으로 유기성쓰레기를 처리할 경우에는 냄새와 위생상의 문제로 일반 에너지작물 등의 원료처리와는 별도의 과정을 겪게 된다. 원료반입부터 처리과정이 별도의 닫혀진 구역 내에서 처리된다. 불순물이 제거되고 잘게 잘라진 다음 살균처리가 이루어지는데 소화되지 않는 비닐이나 플라스틱 등의 불순물은 걸러져서 보통 소각장으로 보내진다. 이와 같은 분리작업이 쉽지가 않고 종종 그 기계에 많은 문제가 생긴다. 즉 보수, 수리비용이 비교적 많이 든다. 그래서 박스형태의 플랜트에서는 분리되지 않은 쓰레기를 바로 소화시키기도 한다. 그 다음에 일반적인 원료와 섞여서 소화조에 들어가게 되며 폭발가능성이 있는 가스가 발생될 수 있기 때문에 충분한 환기장치가 필요하다. 그래서 주기적인 환기장치점검과 새로운 원료반입 시 그 성분에 대한 사전 실험실검토가 필요하다.

사전처리는 일반적으로 실외에서 해야 하지만 음식물쓰레기같이 냄새가 심하게 날 수 있는 원료는 환기장치가 잘 되어 있는 실내에서 이루어져야 한다. 이때는 경우에 따라 운반차량이 직접 건물 안으로 출입할 수 있는데 운행로를 넉넉하게 설정하는 것뿐만 아니라 무게측정 및 원료를 저장조에 넣을 때와 처리할 때 운영상의 최적화로 최소한의 냄새가 밖으로 빠져 나갈 수 있도록 주의를 기울여야 한다. 일단 원료가 소화조 안으로 들어가면 문제가 별로 없지만 원료나 소화액이 운반되고 전달될 때 냄새나 환경미화적인 민원문제가 생길 수 있다. 그렇기 때문에 이 부분에 운영상 그리고 기술적인 최적화를 이루어야 한다. 주기적인 환기장치점검뿐만 아니라 공기상태도 측정해야 한다. 건물 안에서 처리과정이 이루어질 때는 냄새가 온 몸에 배일 수 있다. 그래서 마스크 착용 및 온 몸을 덮는 작업복을 입어야 한다. 일반 환경과 처리건물과의 중간과정에서 신발과 옷을 편안하게 갈아입을 수 있고 씻을 수 있는 넉넉한 공간이 필요하며 그 과정에서 냄새가 외부로 빠져 나갈 수 없도록 가스누출이 없는 문을 설치하는 등의 방법으로 주의해야 한다. 또는 처리건물 안의 압력을 대기압보다 낮추어서 안의 공기가 밖으로 빠져나가지 못하게 하는 방법도 있다. 또한 정전을 대비해서 자연적인 환기장치도 필요하고 수동의 잠금장치 등이 필요하다.

그림 3-16 전처리 과정에서 걸러지는 비닐이나 플라스틱

3) 혐기 소화조

소화조는 철로 된 지붕을 만들거나 공기를 불어넣어 만든 비닐멤브레인 덮개를 만들어 폭설이나 폭우에 이상이 없도록 해야 한다. 보통 지붕이 철이나 콘크리트로 되어 있는 경우는 지붕 위에 교반기를 수직으로 두는 형태를 하고 있다. 덮개와 소화조(또는 멤브레인 가스저장조) 사이에는 펌프를 통해 공기가 계속 흐를 수 있도록 해서(또는 경우에 따라 환기장치를 두어) 혹시나 모를 가스폭발위험성을 줄여야 한다. 펌프를 통해 공기를 불어넣어 플라스틱 덮개를 부풀게 하는 경우가 많은데(이 경우는 대부분 밑에 멤브레인 가스저장조가 있음) 이것은 폭우 등의 환경변화에 대비하는 것뿐만 아니라 멤브레인 가스저장조가 비어 있을 때 가스압을 유지시켜 줌으로써 소화조 안의 압력이 대기압보다 내려가는 것을 방지해준다. 플랜트의 압력이 대기압보다 낮을 때 가스 압력안전장치를 통해 공기가 소화조 안으로 들어갈 수 있기 때문이다. 원료주입기를 통해 바이오가스가 밖으로 새어나가는 것을 방지하기 위해 원료가 들어가는 파이프가 항상 소화액 속에 잠겨 있게 하거나(이

그림 3-17 다이제스터에 설치되어 있는 피뢰침

경우에는 다이제스터 안의 소화액 수평면이 파이프라인보다 더 밑으로 가라앉게 되면 바이오가스가 빠져나갈 수 있는 위험이 있으므로 다이제스터 안의 소화액 수평면 최소한의 높이를 항상 유지해야 함) 또는 파이프라인 안에 남아 있는 원료로 인하여 바이오가스가 밖으로 빠져 나가는 것이 방지된다. 그리고 파이프, 전선 또는 교반기의 축과의 연결점에서 가스가 새어나가지 않도록 특별가스누출방지장치가 필요하다. 특히 교반기축 연결점에 주의가 필요한데 교반기의 축은 계속 돌기 때문에 마모가 일어날 수 있고 장기간 축의 진동으로 인해 그 연결점에 기술적 손상이 날 수 있기 때문이다. 그래서 교반기축 부분은 가스폭발 가능성이 있는 지점으로 지정하고 표시할 뿐만 아니라 주기적인 검사가 필요하다. 가스가 샐 경우 가스누출방지장치를 교체해야 하는 경우가 생기는데 이때는 프로세스 중단이 불가피하다. 모든 소화조에는 가

그림 3-18 공기를 주입하여 팽팽하게 유지하고 있는 가스저장조의 덮개

스압력안전장치가 설치되어야 하고 또는 높은 압력 시 파열되는 파열디스크(rupture disc, 20mbar)를 설치할 수 있다. 또한 가스압력측정기와 소화액수평면높이(양)를 측정하는 기계가 설치되어야 한다. 생물학적 H_2S 제거 시 적당한 양의 공기를(5% 정도) 다이제스터 안에 펌프로 집어넣게 된다.

펌프는 보통 소화조 밖에 설치되어 있는데 이때 바이오가스가 이 라인을 통해 밖으로 빠져나올 수 있다는 점을 주의해야 한다. 그래서 가스가 새지 않는 체크밸브를 두어 가스의 역흐름을 방지해야 한다. 멤브레인 가스저장조는 멤브레인을 통해 가스가 새어나가는 정도가 매우 낮아야 하며($<1000cm^3/(m^3 \times d \times bar)$), 이것은 또한 공기의 흐름의 속도에 따라 다르게 적용될 수 있음) 위에서 언급한 대로 멤브레인 가스저장조와 공기덮개 사이에 펌프를 통한 넉넉한 공기흐름을 만들어서 폭발위험을 방지해야 한다.

가스가 본격적으로 생산되는 소화조에는 무엇보다 폭발안전에 대한 주의가 요구된다. 일반적인 경우에는 O_2가 소화조 안으로 들어갈 수 없기 때문에 폭발 가능성이 없다. 그러나 생물학적 H_2S 제거를 위해서는 공기를 집어넣게 되는데 이때는 일반적인 소화액 높이와 가스생산량과의 관계를 고려해서 절대로 3% Vol산소가 형성되지 않도록 해야 한다. 이것을 대비하기 위해서 주기적인 가스분석을 해야 한다. 일반적인 상태에서는 모든 소화조에 폭발위험이 전혀 없어야 하고 소화조 안을 들여다 볼 수 있는 창문을 설치하여 소화액의 상태(예를 들면 뜨는 층이 형성되었는지 등)를 볼 수 있도록 하는 한편 안전하게 서서 볼 수 있는 틀을 설치하고 창문에는 습기를 제거할 수 있도록 하며 어두울 때도 볼 수 있도록 한다. 이것은 가스누출이 없도록 설치해야 한다. 안정적이고 일정한 바이오가스가 생산되고 소화조 안의 가스압이 어느 정도 일정하게 유지할 수 있도록 하기 위해 소화액 수평면 높이의 최대 또는 최소한계를 정해 놓는다. 소화액이 너무 높이 올라가면 가스압이 상승되어 바이오가스가 밖으로 유출되는 위험이 있고 소화액이 너무 낮을 때는 예를 들어 교반기나 펌프가 물 밖으로 드러나 기계에서 일어날 수 있는 불꽃과 함께 바이오가스를 통해 폭발위험에 처하게 된다. 또는 원료주입기 파이프를 통해 밖으로 가스가 새어 나갈 수도 있다. 이를 방지하기 위해서 소화액 높이 최대점에 오면 원료주입이 저절로 멈출 뿐만 아니라 알람을 통해 플랜트운영자에 전달되도록 한다. 최소한계점에 오게 되면 교반기가 저절로 멈추어야 하고(전기적 차단) 원료가 자동으로 투입될 수 있도록 한다. 가스와 접촉될 수 있는 모든 기기는 가스폭발안전장치가 되어 있어야 한다. 공기투입량, 원료투입량, 소화액 높이등 주기적인 점검 및 기록으로 안전장치 및 최적화를 이루어야 한다. 마모와 흔들림으로 고무패킹 등이나 연결점이 손상되어 가스가 누출될 수 있으므로 주기적인 가스누출점검이 필요하고 보수유지해야 한다.

소화액 표면과 가스층 사이에 즉 소화액 수평면의 최대한계점과 최소한계점 사이에 공기주입으로 생긴 황산때문에 소화조 벽과 기둥표면에 부식이 일어날 수 있다. 이 부분에는 이를 대비한 특별한 코팅이 필요하다. 그리고 교반기나 펌프수리 시 소화조에 사람이 들어 갈 수 있는 구멍을 만들어 놓아야 한다. 이때 주의해야 할 것은 생성된 CH_4나 독가스인 H_2S로 인해 인체에 해를 끼칠 수 있다는 것이다. 전기기기를 켜고 끌 때 생길 수 있는 불꽃으로 가스폭발이 일어날 수도 있기 때문에 뜨거운 열을 가할 수 있거나 불을 낼 수 있는 모든 것은 제거해야 한다. 입는 옷이나 도구도 마찰전기를 일으키지 않도록 준비해야한다.

수리는 완전한 전기적 차단이 이루어진 가운데 진행되어야 한다.수리 전에 가스생산량을 줄이고 될 수 있는 한 가스를 모두 제거하고수리하는 곳의 소화조에 원료 및 가스라인은 전부 밸브를 통해 차단되어야 한다. 그리고 들어가기 전에 메탄, O_2, CO_2, H_2S를 측정하며비상시를 대비해 산소마스크 등을 준비할 수 있다. 수리 후에는 거품등을 통해 가스누출검사를 실시해야 하고 소화액을 채우고 교반기나펌프가 소화액 밑으로 잠긴 다음에 가동을 시작한다. 플랜트 운영자의 책임하에 가스가 새어나올 가능성이 있는 모든 부분에 표시를 하고 검사 및 주의를 시켜야 한다. 소화조의 소화액을 빼낼 때에는 즉한계점보다 더 낮게 소화액을 빼내면 원료주입기파이프를 통해 가스가 새어나갈 수 있는 위험이 있을 뿐만 아니라 교반기가 물 밖으로드러나기 때문에 폭발위험도 있고 소화조 안의 압력이 대기압보다낮아져 밖의 공기가 안으로 들어올 수 있는 위험도 있다는 점을 주의해야 한다. 소화조 안에 거품이 형성될 수 있다. 거품은 약 액체 30%그리고 가스 70%로 형성되어 있다. 거품이 생성될 수 있는 조건은가스가 발생되고 그 거품을 지탱하는 소수성 물질과 그 표면압력이낮아야 한다는 것이다. 거품 발생 시 이를 감지할 수 있는 센서가 설치될 뿐만 아니라 제거를 위해, 예를 들면 물을 뿌릴 수 있는 장치(이장치는 가스가 거꾸로 새어나갈 수 없도록 체크밸브를 둠)를 설치한다. 소화액의 위아래로 생길 수 있는 층을 제거할 수 있도록 교반기를 설치해야 한다. 특히 이 거품이 가스압안전장치나 파열디스크 쪽으로 갈 수 없도록 한다.

4) 가스저장조

사용되는 가스량보다 생산가스량이 많을 때 가스저장조가 필요하다. 보수수리 시에 가스를 저장할 수 있으며 한편으로는 충분한 양을 저장해 놓으므로 안정적인 가스를 CHP에 보낼 수 있는 것이다. 만약에 그래도 가스가 남아 가스시스템이 3mbar 이상이 될 때에는 가스압안전장치를 거쳐 대기 중으로 그냥 빠져나가는 것을 방지하기 위해 남는 가스는 자동시스템을 통해 가스플레어로 보내 그곳에서 태운 다음 대기 중으로 내보낼 수 있도록 해야 한다. 가스저장조는 날씨, 압력, 가스폭발위험성에 대한 안전이 보장되어야 하고 가스저장량의 상태는 모니터링되어야 한다. 가스저장조는 가스누출이 없어야 하고 압력에 안전해야 하며 바이오가스와의 화학적 반응이 없어야 하고 온도와 날씨변화에 안정적이어야 한다. 멤브레인 가스저장조일 경우에는 Tear strenth : 500N/5cm, tensile strength : 250N/5cm, 메탄투과도 : < 1000cm^3/(m^2×d×bar)의 조건이 필요하다. 또한 바이오가스플랜트 설치지역 및 운전 형태에 따른 영하 30도에서 영상 50도 사이에서의 온도저항성이 있어야 한다. 주기적인 가스압측정과 가스측정 및 가스누출검사로 가스폭발안전에 항상 준비되어 있어야 한다. 가스저장조를 수리할 때 가스누출확률은 매우 크다. 또한 사람이 옆에 있을 경우 위험도도 매우 크고 플랜트에 손상을 입힐 수도 있다. 그래서 모든 점화가능한 물질을 제거하고 차단한 후에 가스저장조를 수리해야 한다. 이것도 마찬가지로 전기적 안전조치를 취해야 한다. 수리 시나 플랜트 운영 시작 시 모든 가스라인을 차단하고 가스저장조를 비운 후 시작한다. 또는 질소나 CO$_2$로 가스저장조에 남아있는 공기, 즉 O$_2$를 제거할

수 있다. 작업을 할 때에는 충분한 환기장치를 두어서 폭발위험이 없도록 하고 옷과 도구 등에서 일어날 수 있는 점화가능성을 제거한다. 모든 전기기기는 가스 관련 부분에 직접적인 접촉을 피해서 설치하거나 차단시켜서 설치해야 한다.

5) 소화액저장조

소화액저장조는 액비의 필요시기가 작물에 따라 다양하기 때문에 기다리는 기간을 고려하여 소화액을 저장하는 기능뿐만 아니라 누출이 가능하지 않는 덮개를 덮어 저장기간에 생겨나는 여분의 가스를 모으는 기능도 한다. 일반적으로 소화조와는 다르게 가열이나 보온은 하지 않는다. 특히 소화액을 대량으로 빼낼 시에는 가스압 감소로 인한 공기유입 또는 소화액 수평면의 감소로 인한 가스폭발가능성 등에 대비해야 한다. 겨울철에는 소화액을 빼내는 입구 등 소화액이 얼지 않도록 주의하고 소화조와 마찬가지로 보수수리에 대비해야 한다. 소화액 운반차량이 자유롭게 출입이 가능하여 손쉽게 소화액을

그림 3-19 소화액 저장조 및 소화액 운반차량

그림 3-20 바이오가스라인

빼내어 갈 수 있도록 하고 소화액저장조가 꽉 차거나 문제가 있을 때를 대비해서 주변에 소화액, 사용된 폐수나 빗물을 모아둘 수 있는 연못을 만들어 놓는다. 비료로서 소화액의 필요량은 1년 동안 재배하는 작물의 종류에 따라 연간 헥타르당 다르다. 예를 들어 옥수수만을 키울 경우 액비로서의 소화액 필요량은 $64m^3/(ha \times a)$이다. 옥수수와 호밀과 같은 겨울작물을 키울 경우에는 $84m^3/(ha \times a)$가 필요하다. 또한 액비를 뿌릴 수 있는 시기도 작물의 종류에 따라 다르다. 예를 들면 옥수수인 경우에는 4~5월경이다. 일반적으로 11월부터 1월까지는 액비살포가 금지되어 있다. 이처럼 에너지작물에 따라 액비량과 액비살포시기를 나타내는 달력을 만들면 편리하게 적용할 수 있다.

6) 가스라인

가스라인은 다이제스터와 가스저장조, 가스정제기, 가스압축기, CHP

등을 연결하는 라인으로 특히 가스누출이 없어야 하며 가스공급량과 가스수요량을 안정되고 일정하게 유지하고 O_2의 유입가능성을 제거해야 한다. CHP로 가스를 공급할 때 가스를 압축해서 공급하는데 가스압축기 앞에 최소한의 압력을 측정함으로써 가스압이 최소가스압기준보다 낮을 때, 즉 가스량이 충분하지 않을 때 저절로 가스압축기를 멈출 수 있도록 한다. 이런 경우 알람장치를 통해 플랜트운영자에게 알리고 일정한 가스공급을 위한 적절한 조치를 취해야 한다. 또는 가스압이 너무 높을 때도 차단되어야 하며 가스압이 일정하더라도 CH_4 농도가 45%가 안될 때는 저절로 가스라인이 차단되어 가스가 CHP나 가스히터에 공급되지 않도록 해야 한다. CHP에 가스가 공급될 때에는 보통 5mbar를 유지한다. 바깥에 놓여 있는 가스라인은 접근을 통제해야 하며 가스라인의 연결고리는 열 수 없도록 조치하고 매년 가스라인의 가스누출시험을 해야 한다. 가스라인 수리 시에는 가스가 새어 나올 수 있다. 그러므로 점화물질은 사전에 제거해야 한다. 수리 시 가스라인을 열 때 모든 부분에 물로 적셔서 점화가 일어날 수 없도록 하고 충분히 환기를 시킨 후 일을 하며 사전에 질소나 CO_2로 CH_4을 제거할 수 있다. 그리고 가스라인 안에 응축수가 모이지 않도록 경사를 두고 응축수가 한 곳에 모이도록 한 후 자동으로 펌프를 통해 제거될 수 있도록 한다.

7) 가스압축기

가스압축기는 가스를 운송하고 가스를 사용압력에 맞출 수 있도록 가스를 압축하는 기능을 하고 동시에 가스압과 가스상태를 측정하여 일정한 가스공급과 가스질을 유지할 수 있도록 한다. 여기에서는 최저필요한 가스압력측정, 가스플레어에서의 점화모니터링, CHP에서의 공기와의 가스혼합, 가스상태측정 (CH_4 농도)등을 고려하여 CHP의 유지관리가 이루어진다. 그래서 정상적으로 CHP가 운행되도록 한다. 예를 들어 메탄함량이 30% 이하로 내려가거나 O_2농도가 6% 이상으로 올라가게 되면 가스압축기는 자동적으로 멈춰야 한다. 자동적으로 그와 관련된 가스이용기기들도 빠른 속도로 밸브가 닫히게 된다. 이 것들은 유선과 무선으로 모니터링이 되고 콘트롤되어야 한다. 가스라인 안에 불이 붙었을 경우를 대비해 불이 번지지 않도록 대책을 세우거나 O_2농도를 주기적으로 측정할 수 있다. 비상시를 대비해서 모든 알람장치, 밸브 등이 자동 및 수동으로 설치되어야 한다. 최저필요가스압측정기는 두 겹으로 설치하여 안전성을 높여야 한다. 화재발생시 관련된 모든 기기가 자동으로 차단될 수 있도록 한다. 가스압축기에서 가스가 샐 경우를 대비해 가스압축기를 둘러싸고 있는 장소에 가스알람장치를 설치해야 하고 자동으로 환기장치가 작동이 되며 가스공급이 가스압축기실 밖에서 미리 차단되고 모든 기기의 완전한 전기적 차단이 이루어져야 한다. 알람장치는 시각적·청각적으로 건물 밖에서도 듣고 볼 수 있도록 한다. 모든 가스라인과 연결된 밸브는 온도 20도에서의 6bar 이상에 적합하도록 설치되어야 한다. 또한 매년 가스누출검사를 해야 하고 매년 네 번씩 알람장치를 점검(교정)해야 한다. 가스필터나 부품을 교체할 때 가스가 새어 나올 수 있는데 사전에 가스를 차단하고 위에서 언급한 대로 수리 시 가스폭발사고에 주의를 해야 한다.

8) 가스정제기

가스를 이용하기 위해서는 수분과 H_2S를 일반적으로 제거하게 되고 필요에 따라 CO_2도 제거하게 된다. 질식사고 등의 안전상 이유로 가스라인에서 생길 수 있는 응축수가 모이는 통은 지하에 설치하지 않는 것이 좋으나 불가피하게 설치해야 할 때는 건물 밖에 설치한다. 일반적으로 응축수 통이 가스라인 사이에 연결되어 있고 응축수 통은 구덩이의 물탱크와 연결되어 있어서 응축수가 적절한 양으로 모이게 되면 펌프를 통해 빠져나가도록 되어 있고 그 가운데 응축수의 고인물을 어느 정도 남겨 둠으로써 가스가 밖으로 새어나가지 않도록 하는 시스템을 갖추고 있다. 지하에 무언가를 설치하면 H_2S 등이 쌓여서 사람에게 치명적인 위해를 가할 수 있고 그에 따른 사망사고 사례도 있다. 그래서 시설물 등을 지하에 설치하는 것은 위험성이 내

그림 3-21 가스정제기

재되어 있다. 따라서 수리 시에는 반드시 충분히 환기를 시키고 가스 상태를 검사한 후에 수리해야 한다. 물탱크 등 지하에 무언가를 설치 하더라도 펌프 등 조절장치들은 지상에 설치되어 있어야 한다. 그래 서 모든 공간은 알람장치 및 자동으로 작동되는 환기장치가 되어 있 어야 한다. 펌프가 고장나서 응축수가 계속 쌓일 경우, 펌프에 가스 폭발안전장치가 설치되어 있지 않은 경우 또는 가스가 새어나갈 경 우에 문제가 될 수 있으며 이를 모니터링함으로 주기적으로 점검해 야 한다. 물탱크는 바이오가스플랜트 울타리 안에 설치되어 있어서 아무나 접근할 수 없도록 하며 쉽게 열 수 없도록 한다. 또한 빗물이 나 곤충이 들어가지 못하도록 하고 자연적인 통풍이 되도록 한다. 수 리 및 보수 시에는 위에서 언급한 대로 반드시 안전조치를 취한 후에 하도록 해야 한다. 물탱크나 물로 가스를 가로막고 있는 형태(예 : 가 스압안전장치)는 높은 압력 시 가스가 새어나가더라도 고였던 물이 저절로 다시 돌아올 수 있도록 해야 한다. 응축수통과 물탱크가 연결 되어 가스가 새는 것을 가로막고 있다면 이 경우에는 넉넉하게 높이 를 100cm(100mbar) 이상을 두어 가스에 의해 물이 넘쳐 나가는 것을 방지한다. 덮개 부분에는 좌우로 흐르는 넉넉한 환기시설이 있어야 하고 응축수의 높이를 모니터링해야 하며 물탱크 덮개를 통한 전선 연결 등은 가스누출이 없도록 해야 한다. 특히 폭발안전사고에 주의 해야 하며 접근통제 및 함부로 열 수 없도록 잠금장치 등 조치를 취 해야 한다. 바이오가스는 철이나 또는 활성탄을 통해 H_2S를 제거한 다. 이 가운데 화학반응을 통해 열이 발생할 수 있다. 또는 생물학적 으로 H_2S를 제거할 수 있는데 박테리아가 머물고 자랄 수 있는 촉촉 한 여건을 만든 이후 적정량의 O_2를 공급해주는 가운데 바이오가스를 그쪽으로 흘려 보낸다. 이때는 비교적 큰 용적의 설치시설이 필요하다. 보수 및 수리 시에 가스가 새어나올 수 있으므로 위에서 언급한대로 안전한 조치 가운데 일이 처리되도록 한다. 가스정제기계에서 가스가 새어나올 수 있으니 알람장치뿐만 아니라 폭발을 일으킬 수 있는 환경을 사전에 제거한다. CO_2 제거, 즉 메탄농도를 높여 열량을 높이면 천연가스처럼 사용할 수 있다. 그리고 가스고질화기로 가스를 보내기 전에 가스상태와 압력을 계속적으로 모니터링해야 한다. 여기에 문제가 있을 때는 빠른 시간 내에 잠금장치에 반응이 갈 수 있도록 한다. 여기에 해당되는 모든 라인과 연결점은 20도 기준으로 6bar에 맞도록 설치되어야 한다. 모든 가스라인은 항상 대기압보다 높은 상태를 유지하여 공기가 새어 들어오지 않도록 하고 매년 가스누출검사를 해야 하며 건물 밖에 비상버튼을 두도록 한다. 알람을 두 단계로 두어 첫 번째 알람이 있을 경우 환기장치가 가동이 되고 두 번째 알람인 경우 모든 가스라인이 건물 밖에서 차단되도록 한다. 그리고 전기적으로 완전한 차단이 이루어지도록 한다. 보수 및 수리 시에 가스가 새어나올 수 있으니 위에서 언급한 대로 가스폭발안전조치하에 이루어지도록 한다. 일반적으로 가스를 업그레이드하는 경우에 5% 이하 정도의 메탄 손실이 발생하게 된다. 이것은 나중에 경제적으로 그리고 플랜트안전상 중요한 부분이 되므로 대책을 세워야 한다. 가스라인 보수 후에 O_2가 가스라인으로 들어가 폭발 위험이 있는데 이러한 경우 T 모양의 연결고리를 두어 가스상태를 측정하고 이 가스를 밖으로 내보낼 수 있다. 이러한 방법으로 가스누출 없이 업그레이드 전과 후의 가스량과 가스상태를 측정하여 그 효율을 측정할 수 있다.

9) CHP

CHP는 정확한 콘트롤 속에서 가스를 태워 전기와 열을 생산하게 된다. 전기는 일반적으로 일반전선에 공급되고 열(엔진열, 배기가스열)은 증기나 뜨거운 물의 형태로 플랜트와 외부에 공급된다. 보통 별도로 CHP실을 만들어 운행하게 되는데 거기에는 가스가 처리되는 라인, 모터, 발전기, 열교환기, 모니터링, 전기공급을 위한 조절장치, 환기장치, 알람장치 등이 있다. 혼소형 엔진은 경유를 공급해 줌으로써 바이오가스의 메탄농도가 조금 떨어지더라도 열량을 높일 수 있다. 전소형 가스엔진인 경우 메탄농도에 따른 공기와의 가스혼합조절이 이루어진다. 메탄농도가 40% 이하로 떨어질 경우에 가스처리라인에서 가스가 차단될 뿐만 아니라 건물 밖에서도 가스라인이 동시에 차단된다. 가스처리라인에는 가스상태점검뿐만 아니라 불의 역확산방지장치가 되어 있어야 한다. 모든 가스라인은 20도 기준으로 6bar 이상에 맞게 설치되어야 하며 항상 대기압보다 높은 압력을 유지해서 공기가

그림 3-22 CHP

유입되지 않도록 하고 필요한 최저압력을 콘트롤해야 한다. 가스속도는 가스라인쪽으로 역으로 불이 확산되는 속도보다 빨라야 한다. 매년 가스누출테스트를 해야 하며 CHP과정에서는 메탄손실이 일어날 수 있다. 문제 발생 시 자동으로 빠른 속도로 라인이 차단되도록 하며 CHP를 놓아 둔 장소에는 가스알람장치를 두고 환기장치 및 안전장치가 작동되도록 한다. 또한 가스밸브가 열린 후에 점화가 되도록 해서 가스가 없는 상태에서 점화가 되는 일이 없도록 한다. 그리고 가스밸브가 잠긴 후에 한 번 더 점화를 함으로 배기가스장치에 남아 있는 가스가 없도록 한다. 수리 시에는 모든 가스라인이 차단되어야 하고 충분히 환기를 시킨다. 가스라인을 열 때에는 모든 전기장치는 전기적으로 완전히 차단되어야 하고 질소 등으로 가스라인 안을 충분히 씻어준다. 정규적인 알람장치교정과 모니터링과 전문가로부터의 보수 및 수리를 통해 안전을 유지할 수 있다.

Chapter 4

바이오가스 원료 및
프로세스 분석

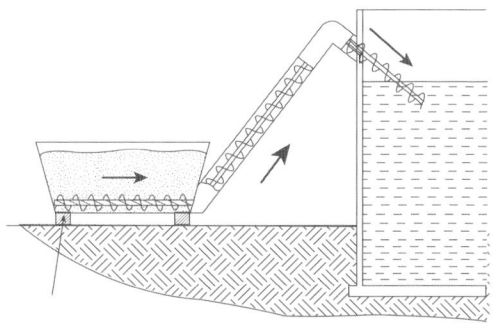

바이오가스 원료 및 프로세스 분석

1. 바이오가스 에너지작물

1) 바이오가스 에너지작물의 필요성과 문제점들

2009년도 영국 공영방송인 BBC의 보고에 의하면 지구상에 10억 명이 기아에 시달리고 있다고 한다. 아시아와 아프리카, 라틴 아메리카 등의 후진국에서 연간 880만 명의 사람들이(그중 대부분이 어린이) 기아로 굶어 죽고 있다고 한다. 3초마다 죽어가고 있는 셈이다. 식량문제이고 위기이다. 세계의 식량창고가 비어가고 있는 것이다. 천재지변으로 식량위기가 있을 수 있지만 하나의 중요한 이유는 환경의 변화, 지구온난화문제이다. 부분적으로 사막이 커져가고 있고 땅이 말라가고 있는 것이다. 결국 이러한 환경의 변화는 온실가스와 연관되어 있다. 이런 논리로 가다보면 대체에너지의 필요성과 직면하게 된다. 이 중 하나로 대두되고 있는 것이 바이오매스를 이용한 바이오에너지이고 또 하나가 에너지작물의 이용이다. 어떤 면에선 매우 아이러니한 것이다. 여기서 식량이 먼저인가, 연료가 먼저인가 하는 논쟁이 끊임없이 생긴다.

고갈되는 화석에너지의 대체, 온실가스의 감축, 재생에너지 생산, 그리고 농촌 지역의 일자리 창출 등을 근거로 바이오에너지작물의 필요성이 제기되고 있다. 옥수수로 바이오가스를 생산하는 방법으로 1톤의 CO_2를 줄이는 비용은 150~300유로 정도 소모된다. 될 수 있는 한 적은 비용으로 CO_2를 줄여야 하는데 그 방법으로는 가축분뇨를 바탕으로 소화조를 운영하고 전기뿐만 아니라 열을 이용해야 하며 나무나 짚을 같이 태워서 한정된 재료를 최대한 효율적으로 이용하면 된다. 온실가스 감축효과로 일반적으로 바이오가스 이용 및 나무와 짚을 같이 태워 에너지를 생산할 때 적어도 재배면적 헥타르당 5톤에서 10톤 이상까지 CO_2를 감축할 수 있다고 한다. 그러나 바이오에너지작물의 가격상승 그리고 CO_2를 줄이는 비용의 증가 등이 문제로 대두되고 있다. 특히 가축을 많이 키우는 지역에서는 바이오가스플랜트의 에너지작물 이용으로 인해 재배가격이 올라가고 작물을 두고 사료용인지 에너지생산용인지에 대한 경쟁이 일어나고 있다. 독일에서는 정부의 바이오가스플랜트 지원으로 가축을 키우는 농부가 경제적으로 견디다 못해 바이오가스플랜트 운영자로 전업하는 경우가 많다. 즉 축산업이 위협을 받을 수도 있다는 것이다. 에너지작물 재배의 성공이나 위기는 기름값 그리고 사료값의 변동에 크게 영향을 받는다. 그리고 거기에 재생에너지할당 이용 등 법적인 영향도 함께한다. 한정된 경작지에 에너지작물 재배수요가 증가하게 되면 기존의 경작지 외에 목초지 또는 조건불리지 등 그동안 작물 재배가 어려웠던 간척지나 산간 지역에 또 다른 경작지개척이 필요하다. 또는 같은 경작지에 시기에 따라 여러 곡물을 계속하여 재배할 수도 있다. 이 경우에 재배경작지 헥타르당 발생할 수 있는 CO_2나 아산화

질소 등이 증가하게 된다. 이러한 주의해야 될 문제들이 있다. 위에서 언급한 대로 제한된 곡물을 가지고 식량과 사료 그리고 에너지생산이라는 경쟁은 앞으로 더 커질 전망이다.

이것을 고려할 때 그 지역과 시장 등 연계해서 생각해야 되는 점들이 있다. 예를 들면 독일 같은 경우는 식량자급도가 높고 곡물이 남기 때문에 이것을 에너지생산에 이용한 것이다. 만약 이것을 식량이 필요한 아프리카 어느 나라에 팔게 된다면 당장에는 좋을 것 같지만 후일 그 반대의 효과를 가져올 수 있다. 싼 수입곡물이 그 나라에 들어오면 국내에서 생산한 곡물은 팔리지 않게 되고 그 시장이 무너질 수 있기 때문이다. 그래서 항상 그 지역과 시장을 고려하고 그 지역이 자급적으로 살 수 있는 방향으로 가야 한다는 것을 고려해야 한다. 즉 식량이 남는다고 무조건 남의 나라에 가져가다 판매(공급)하는 것도 문제가 될 수 있다. 그 지역의 상황에 맞게 식량 및 에너지정책을 고려해야 한다는 것이다. 아이러니하게도 유럽의 공장을 돌리기 위해 아프리카 등 제3세계에서 많은 곡물들이 유럽으로 수입되기도 한다.

바이오가스플랜트의 비교적 높은 비용과 비용감축의 어려운 점 등을 이유로 비판의 소리가 일어나기도 한다. 그러나 바이오에너지의 저장과 다양한 이용가능성 그리고 온실가스의 감소효과, 재생에너지의 일환으로 바이오가스는 앞으로도 계속 주목받을 것으로 보인다. 하지만 그 재생성, 경쟁력, 효율성은 앞으로 더욱 강화되어야 한다는 것이 과제로 남아 있다. 곡물을 에너지로 이용할 때 효율성이 높지 않으면 그것의 재생성이라는 가치가 떨어 질 수 있다. 재생성 면에서 많은 원료로 많은 전기를 생산하는 것이 이전의 목표였다면 이제는 필요한 만큼만 효율적으로 생산하는 이른바 에너지 수요에 따른 유동적인 생산

시스템을 목표로 하고 있다. 즉 가치의 전환이다. 규모가 크면 관리의 문제가 있고 규모가 작으면 공급의 문제가 있다. 이런 수요에 따른 조절이 앞으로 바이오가스플랜트의 발전방향이 될 것으로 보인다. 따라서 이를 위한 넉넉한 가스저장조, 지능적인 콘트롤 기술 등이 필요해진다. 예를 들면 적어도 12시간 저장할 수 있는 가스저장조 또 그 정도의 양을 처리할 수 있는 CHP 용량, 또 그 정도의 열을 저장할 수 있는 충분한 물탱크, 이와 관련된 컴퓨터 통제기술 등이 필요하다. 만약 가스를 직접 가스라인에 집어넣을 경우는 가스라인이 충분한 가스저장조 역할을 할 수 있다.

에너지작물 재배는 온난화가스감축과 재생에너지라는 커다란 목적하에 식량공급에 문제가 되지 않는 선에서 검토되어야 한다. 그리고 가축분뇨에서 발생되는 CH_4 이용과 낮은 CO_2 감소비용, 높은 CO_2 감소효과라는 전제가 충당되는 조건하에서 계속적인 증가와 지원을 받을 전망이다. CO_2 감소비용을 톤당 50유로로 줄이기 위해 효율적인 플랜트가 매우 중요하고 열절약뿐만 아니라 동시에 생산되는 열이용 또한 매우 중요한 과제로 남아 있다.

2) 올바른 에너지작물 재배와 경작지 사용

대규모 에너지작물을 재배할 때는 그와 동시에 소화액의 비료이용시 잡초와 유해균 등의 문제가 일어날 수 있고 빈번한 윤작으로 인해 흙의 질이 저하될 수도 있다. 따라서 결과적으로 생산량과 품질저하가 일어날 수 있다. 병충해를 막는 화학제품을 이용한다면 거기에 따른 비용뿐만 아니라 바이오가스플랜트에서 박테리아의 소화에 문제가 생길 수 있다. 그러나 올바른 윤작을 통해 잡초문제, 흙의 질문제 등을 해결할 수 있다. 즉 적절한 곡물 또는 새로운 에너지곡물을 개발하여 흙의 부식질의 균형을 유지할 수 있을 뿐만 아니라 주작물을 주기적으로 바꾸는 윤작효과로 잡초를 줄일 수 있다. 더불어 주기적으로 재배기간을 바꿔 작물에 따라 나타날 수 있는 곰팡이 등의 해를 줄일 수 있다. 즉 자연보호를 다른 방법으로 이루는 것이 아니라 올바른 사용으로 이루려는 하나의 시도인 것이다. 자연을 보호하기 위한 노력의 일환으로 다양한 동식물종의 확대와 더불어 주어진 환경과 경지를 다목적으로 이루려는 시도가 많이 이루어지고 있다. 예를 들어 단순히 한 종류의 곡물을 재배하는 데 경지를 사용하는 것이 아니라 휴경지, 여러 종류의 곡물, 울타리를 이루는 식물, 목초지, 시냇물 등 하나의 경지 내에 다양한 자연환경을 만드는 것이다. 다양한 동물의 활동 또는 사람의 활동으로 씨앗이 확산되고 또한 반대로 다양한 식물환경은 다양한 동물활동의 확산의 기초가 된다.

이것과 더불어 환경보호적인 측면도 있다. 예를 들면 다양한 동식물 종류의 확대는 땅이 힘없이 갈라지거나 가라앉는 것을 방지하고 지하수 보호를 위해 도움이 된다. 이러한 환경보호는 에너지작물을 재배하는 데 필요한 법적인 하나의 조건이 되기도 한다. 식물군의 다양성 확대의 일환으로 한 부분에 작은 숲을 만들어 여러 목적의 나무를 심을 수 있다. 나무를 심고 이용하는 것은 온실가스감축에 있어서 상당한 효과를 가지고 있고 더불어 자연보호 측면에서 많은 기여를 하고 있다. 바람을 막고 땅과 물을 보호할 뿐만 아니라 주변의 농경지에 C가 풍부한 배경을 제공한다는 것이다. 하나의 농경지를 통해 다용도, 즉 바이오에너지 생산, 식량 생산, 식용수 확보, 다용도의 작물생산, 자연보호, 동식물종 확대, 그리고 자연경관을 누리는 관광 등 여러 목적을 동시에 추구하는 시도인 것이다. 이런 틀 안에서 다양한 종류의 에너지작물 재배와 윤작은 이런 목적에 부합할 뿐만 아니라 에너지 생산 및 자연보호라는 시너지 효과를 가져오게 된다. 예를 들어 다른 작물과 함께 콩류를 에너지작물로 이용하면 경우에 따라서 그 소화액을 이용할 때 풍부한 질소를 흙에 제공할 수 있게 된다. 그리고 다양한 에너지작물의 윤작은 종종 땅을 윤택하게 할 수 있으므로 재배작물의 수확량에 도움을 줄 수 있다. 올바른 에너지작물과 소화액 이용 그리고 경작지 사용은 자연적인 영양소사이클뿐만 아니라 화학비료 비용 감소, 환경보호와 에너지자립이라는 여러 효과를 가져올 수 있다. 이를 위해서 해당되는 법적인 절차뿐만 아니라 사전조사를 통해 그 효과를 극대화해야 한다. 이런 가운데 가장 중요한 것은 이러한 계획이 그 지역에 맞추어져야 한다는 것이다. 즉 지역 농민(농업, 산림업, 축산업, 과수원, 정원 등)의 적극적인 참여가 기반이 되고 또 그 계획이 지역의 경제적인 조건과 작물시장에 맞추어질 때에 그 효과를 볼 수 있다. 먼저 그 지역 전체를 놓고 계획이 이루어져야 하는 것이다. 그 지역의 정책과 경제를 주도하는 사람과 새로운 재생에너지에 대해 대화가 이루어질 수 있고 그 다음에 현대화된 모델로서, 예를 들면 나무를 태워서 에너지를 내는 플랜트를 짓거나 또는 바이오가스를 통한 전기와 열 공급에 대해 계약을 할 수도 있다. 그 과정 이후에 관심 있는 관련 단체들의 투자를 받을 수 있을 것이고 더불어 은행의 투자도 이끌어 낼 수 있을 것이다. 이러한 식으로 투자를 유도할 수 있고 자연과 농작물매니지먼트를 해당 지역의 경제와 연결지을 수 있을 것이다. 다양한 폭넓은 재배시스템은 자연보호, 지역경제에 활력을 불어넣는 재생적 시스템이 될 수 있다.

2. 바이오가스소화액 이용

1) 소화액 특성

바이오가스소화액의 성질은 사용된 원료의 종류에 따라 달라진다. 일반적으로 소화액의 특징으로는 여러 냄새를 유발하는 휘발성 유기산 분해로 인한 냄새 감소, 유기산 분해로 인한 식물에서의 산화위험 감소, 유기성물질의 분해로 인한 점성 감소로, 결과적으로 원활하게 섞이게 하고, 식물의 잎이 덜 더러워지게 하는 등의 효과, 식물이 흡수하기 쉬운 형태의 질소공급, 혐기성 소화로 인한 잡초씨앗이나 병충해의 제거, 병충해 비활성화 등이 있다. 혐기성 소화를 통해 C가 가스로 전환되기 때문에 다른 대부분의 영양소는 더 잘게 산화되거나 녹은 상태로 존재하여 식물이 흡수하기에 좋은 상태로 소화액에 존재한다. 에너지작물 및 가축분뇨를 원료로 했을 경우 다음과 같은 성격을 띠게 된다. 소화액의 건물함량은 일반적으로 가축분뇨보다 2%정도 낮다. 원료의 톤당 소화액 속에 나오게 되는 전체 질소량은 4.6 kg 에서 4.8 kg 정도로 소분뇨보다 약간 높다. C/N 비율은 약 5에서 6정도이고 일반적인 가축분뇨의 10보다 낮게 나타난다. 전체 질소에서 암모늄이온이 차지하는 비율은 소화 이후 커지게 되는데 보통 60~70%를 차지한다. 소분뇨나 에너지작물로 하는 원료의 소화액과 비교해서 돼지분뇨와 유기성폐기물을 섞은 원료에서 나오는 소화액은 비교적 높은 P 성분을 갖고 있고 낮은 건조중량과 K을 보이고 있다. 중금속은 소화과정을 통해서 그 절대량은 변하지 않는다. 단지 유기성성분이 분해되면서 상대적으로 줄어들 수 있다. 보통 소화액 속의 Pb, Cd, Cr, Ni, Hg 등의 중금속은 많은 경우에도 법적 한계량의 17% 정도이며 Cu, Zn는 원료

에 따라 틀리겠지만 비교적 많이 들어 있어서 유기성폐기물법 법적 한
계량의 70~80% 정도(Cu : 37mg/kg DW - 소분뇨, 184mg/kg DW - 돼
지분뇨, Zn : 161mg/kg DW - 소분뇨, 647mg/kg DW - 돼지분뇨)가 포
함되어 있다. 보통 소분뇨와 돼지분뇨에서 비슷한 중금속량을 보이고
있지만 돼지분뇨가 Pb, Cd, Cu, Zn 등의 중금속들을 더 많이 포함하고
있다. 한편으로 Cu와 Zn 는 미생물이나 동물의 성장에서 많이 필요로
하는 물질이기 때문에 비료법에서는 법적 한계량이 명시되어 있지 않
다. 일반적으로 가축분뇨와 에너지작물에서 나오는 소화액의 중금속
량은 흙이나 물을 중독시킬 정도의 위험성을 갖고 있지 않다.

2) 소화액의 위생문제

유기성폐기물 속에는 사람이나 식물, 동물에게 해를 끼치는 병원균
이 들어 있을 수 있다. 일반적으로 살모넬라가 발견되기도 하는데 5%
미만의 문제를 일으킬 정도가 아닌 경우가 대부분이다. 특히 음식물찌
꺼기나 도살장폐기물 또는 식품산업의 유기성폐기물을 소화시킬 경우
에는 반드시 살균처리를 해야 한다. 이것은 유기성폐기물에 반드시 병
균이 있다는 것이 아니라 안전조치의 일환으로 반드시 해야 하는 일이
다. 지금까지는 가축분뇨를 살균처리할 필요가 없었으나 점차 가축분
뇨도 비료가 아닌 유기성폐기물의 하나로 보는 시각이 늘어나면서 살
균처리를 해야 하는 방향으로 흘러가고 있다. 일반적으로 에너지작물의
소화액 속에는 병원균 발견사례가 거의 없어서 안전하다고 보고 있지만
열을 잘 견디는, 예를 들면 클로스트리디아(Clostridia) 등 혐기성 특별
병원균 등에 대해서 더 심층적인 조사연구 및 대책마련이 필요하다고
여겨지고 있다. 일반적으로 혐기성 소화과정을 통해서 병원균이 줄어든

다는 실험결과가 계속 나오고 있다. 예를 들어 55도의 소화조에서 EHEC 콜리(EHEC-Coli), 살모넬라 세프텐베륵(Salmonella senftenberg), 엔테로코쿠스 페칼리스(Enterococcus faecalis)는 각각 5분, 7분, 102분 만에 10배 줄어든 것으로 나타났다. 소화과정에서 온도를 높일수록 더 효과적이다. 55도에서는 2주가 필요했던 것이 70도에서는 1시간 동안 만 유지해도 그 효과가 난다는 것이다.

3) 비료

땅 속의 동식물에 영양소를 공급하고 땅의 상태와 종류에 따라 필요한 영양소를 공급하는 것은 땅의 재생적 사용에 있어서 필수요소가 된다. 화학비료의 가격상승으로 소화액이나 가축분뇨의 비료로서의 가치가 높아지면서 그것의 적절한 운송과 살포기술에 대한 관심이 높아지고 있다. 또한 그에 따른 적절한 필요영양소 공급기술 개발이라는 과제도 앞으로 남아 있다. 소화과정을 통해 건조중량이 줄어들고 C/N비율도 작아지며 식물이 흡수하기 좋은 형태의 암모늄질소는 유기물 분해로 인해 늘게 된다. 보통 땅 속 유기물 속에 붙어 있는 질소를 그해 5% 정도, 다음해에는 3% 정도 이용한다. 식물이 이용가능한 비료의 양을 측정하는 데는 미네랄 비료로 가능하다. 특히 암모늄이온의 가용성으로 계산된다. 식물이 흡수할 수 있는 녹아 있는 형태의 암모늄이온은 온도와 pH값에 따라 NH_3가스로 증발된다. 즉 온도가 높아질수록 이 손실이 크다는 것이므로 이것을 최대한 방지해야 한다. 질소의 비료로서의 유효성은 살포방법, 기간, 날씨, 흙의 종류, 재배식물의 종류에 영향을 받는다. 살포기간에는 온실가스의 방출을 최대한 줄이는 한편 뿌린 비료가 손실되지 않고 최대한 효과적으로 사용되어야 한다. 이것은 재배작물과 살포시기, 방법에 밀접하게 연관되어 있다. 일반적으로 그냥 위에서 뿌리는 것보다 땅을 파고 거기에 넣어주는 형태가 온실가스 방출을 줄이면서 효율성을 높이는 방법이며 이것은 씨앗을 뿌리기 전, 후 또는 식물이 약간 자랐을 경우 등 경우에 따라서 살포방법은 달라질 수 있다.

4) 유기성 비료

유기성 비료는 주로 땅에 부식질을 제공하고, 염기성물질을 제공하며, 식물에 영양분을 제공하는 세 가지 역할을 한다. 부식질당량(humus equivalent)은 부식질에 있는 1g C를 의미하는데 즉 이것은 흙에 있는 부식질의 C가 동식물의 활동으로 없어지고 그만큼 다시 채워져야 하는 양을 나타내는 값(kg Humus-C/(ha×a))이다. 그러므로 이 값은 흙의 부식질의 균형을 유지하는 데 중요한 역할을 한다. 식물의 종류에 따라 그 재배과정을 통해 부식질에 플러스 역할을 하는 것이 있고 마이너스 역할이 있으며 그 크기도 다양하다. 예를 들면 잔디나 콩 종류, 휴경, 겨울작물 등은 플러스 역할을 하고 무, 감자, 채소, 옥수수, 곡물과 기름을 내는 작물 등은 마이너스 역할을 한다. 그래서 땅의 부식질 균형을 유지하기 위해서는 재배순서가 중요하고, 수확하고 남은 찌꺼기들을 그대로 농경지에 남겨두어 땅의 부식질을 높이거나 유기성 비료로 필요한 만큼의 비료를 제공하는 것이 중요하다.

또한 적절한 비료의 제공량과 함께 중요한 것은 잘게 부수어지거나 소화된 유기성 비료의 상태이다. 흙의 부식질 분해는 쉽게 되지만 부식질 형성 기간은 오래 걸린다. 따라서 오래 지속될 수 있는 부식질의 안전성이 중요한데 예를 들면 퇴비, 소화액, 가축분뇨 등이 부식질의 안전성을 형성하는 데 플러스 역할을 한다. 유기성 비료에 C가 많이 포함되어 있다고 해서 부식질의 C 형성에 비례적으로 많은 역할을 하는 것이 아니다. 즉 무잎이나 짚보다 퇴비나 가축분뇨가 부식질탄소형성에 더 많은 역할을 한다. 이런 것들을 고려해서 부식질당량을 유지해야 하는데 일반적으로 −75에서 +100kg Humus-C/(ha×a)가 적절하다. 일반적으로 화학비료 대신 유기성 비료를 사용했을 경우 상대적으로 다음과 같은 여러 가지 장점들이 있다. 흙의 물 저장능력이 높아져서 가뭄에 대한 저항력이 높다. 봄이 오면 흙의 온도가 빠르게 올라가므로 여러 동식물의 성장에 도움을 준다. 흙의 구조를 튼튼하게 해서 물의 흡수를 빠르게 하는 데 도움이 될 뿐만 아니라 차가 이동하는 데 도움이 된다. 그리고 일하기 쉬워서 에너지절약에 도움이 된다. 높은 영양소저장능력 (+금속이온 저장능력)으로 수확량에 도움을 준다. 땅이 갈라지거나 바람이나 물로 무너져 씻겨내려가는 것을 방지하는 데 도움을 준다. 일반적으로 흙에 사는 동식물의 다양성에 도움을 준다. 그리고 그러한 흙에 사는 미생물의 활성화로 인해 흙의 위생능력을 유지하는데 도움을 준다고 한다. 시비계획을 세울 때 영양소(N, P_2O_5, K_2O)를 공급한다는 것 외에 석회 등 염기성물질의 공급으로 흙의 pH값을 유지하고 안정된 부식질을 형성해야 한다는 것을 고려해야 한다. 영양소를 공급할 때 식물이 필요한 영양소양 외에 식물이 흡수할 수 있는 상태의 영양소양, 비료살포시기, 그리고 전년도 흙에 이미 포함되어 있는 영양소양을 고려해야 한다. 예를 들면 식물이 흡수할 수 있는 상태는 고체보다 액체 상태의 비료가 효과적이고 짚이나 퇴비보다는 액비 형태의 가축분뇨가 더 효과를 보이고 있다. 짚은 C를 많이 포함하고 있고 질소는 적어서 그 짚이 미생물에 분해되기 위해서는 적절한 질소가 별도로 필요하다. 일반적으로 부식질의 C 대 질소 비율, 즉 C:N 비율의 12가 평균값이다. 즉 한편으로는 질소를 저장하는 역할을 한다. 액체 상태의 비료는 그해 바로 식물이 이용할 수 있지만 유기물에 포함되어 있는 질소는 오랜 시간 동안 부식질 형성을 하는 역할을 한다고 볼 수 있다.

3. 프로세스 분석방법

주로 실험실에서의 정밀분석도 있지만 플랜트에서 손쉽게 프로세스의 상태를 플랜트운영자가 직접 분석할 수 있는 것들이 있다. 여기서 중요한 세 가지 프로세스 인자를 소개하는데 건조중량, FOS/TAC(유기산/완충능) 그리고 암모늄이온 측정이 그것이다.

1) 건물함량

5g 정도의 샘플을 온도 105도로 무게가 변함없이 일정할 때까지 건조시킨다. 이때 줄어든 무게가 수분이 증발되면서 나온 값이다. 이 수분을 제한 퍼센티지가 건조중량이 된다. 연이어서 건조된 이 샘플을 220도 온도로 30분, 550도에 2시간 태운다. 그 다음 건조기에 식힌 후에 남은 양을 측정한다. 건조중량과 이 남은 양(ash)을 제한 값이 유기물 함량(organic total solid or oranic dry weight)이 된다. 이 남은 양은 중금속 등 유기성 물질이 다 타서 날아가고 남은 것이 된다.

2) FOS / TAC

Kapp의 방법에 따라 적정법이 이용되어 유기지방산이 측정될 수 있다. 샘플의 액체부분이 0.2N의 황산에 의해 pH값을 5, 4.4, 4.3 그리고 4.0까지 낮춘다. 여기에 사용된 황산량에 의해 FOS값이 계산이 된다. 측정을 위해 10g의 샘플을 온도 10도에서 10분간 원심분리시킨다.

$$FOS = 131310 * (V_{pH4.0} - V_{pH5.0}) * \frac{N_{H2SO4}}{V_{sample}} - 3.08 * V_{pH4.3} * \frac{N_{H2SO4}}{V_{sample}} * 1000 - 10.9$$

FOS 유기지방산의 농도 mg/ml

$V_{pH4.0}$ pH값 4.0까지 내리기 위해 사용된 황산량 ml

$V_{pH4.3}$ pH값 4.3까지 내리기 위해 사용된 황산량 ml

$V_{pH5.0}$ pH값 5.0까지 내리기 위해 사용된 황산량 ml

V_{sample} 원심분리 후 사용된 샘플량 ml

N_{H2SO4} 황산의 규정농도 mol/l

$Ks_{4.3}$ Alcalinity 4.3mmol/l

유효범위

산   70mmol/l 또는 $C_2H_4O_2$ 4203mg/l

$NH4^+-N$ 400에서 10000mg/l까지 유효

$$FOS/TAC = \frac{\left((V_{pH4.4} - V_{pH5.0}) * \frac{20}{V_{sample}} * \frac{N_{acid}}{0.1} * 1.66 - 0.15 \right) * 500 * V_{sample}}{0.5 * N_{acid} * V_{pH5.0} * M_{CaCO3} * 1000}$$

FOS/TAC 유기지방산과 탄산칼슘 버퍼와의 관계

$V_{pH4.4}$ pH값 4.4까지 내리기 위해 사용된 황산량 ml

$V_{pH5.0}$ pH값 5.0까지 내리기 위해 사용된 황산량 ml

V_{sample} 원심분리 후 사용된 샘플량 ml

N_{acid} 산의 규정농도 mol/l

M_{CaCO3} 탄산칼슘의 물질량

3) NH4⁺-N

여러 가지 방법이 있겠지만 Neßler의 원리에 따라 암모늄이온을 측정
할 수 있다. 염기성의 HgI_4K_2이 NH_3와 반응해서 적갈색을($[Hg_2N]I$) 띠
며 색의 농도를 통해 암모늄이온의 양을 측정한다. 이것을 위해 샘플
을 10도 온도에서 10,000g으로 원심분리를 시킨다. 선명하게 된 액체
부분을 측정범위에 적합하도록 적절하게 희석시킨다(예 : 1:1000 또는
1:10000). 그것의 25ml를 cuvette에 넣고 동시에 reference(비교기준)
로 25ml 물도 cuvette에 넣어 준비한다. 세방울 미네랄 안정제(mineral
stablizer)와 세 방울 폴리비닐알코올을 넣는다. 그 다음 HgI_4K_2 1ml을
넣는다. 잘 부드럽게 섞어준 후 1분 뒤에 측정한다.

4) 바이오가스 예상 생산량 계산

플랜트를 계획할 때 각 원료에 따른 예상되는 바이오가스 생산량을
계산을 해야 한다. 즉 원료 VS(Volatile solid, oTS) g당 몇 ml의 가스
가 나올 수 있는가에 대한 예측이다. 직접 실험실에서의 실험을 통
한 경험적인 값이 있다. 이것이 주로 많이 이용되기도 한다. 그러나
이것은 보통 Batch 테스트로부터 나온 값이기에 연속공정인 플랜트
에 적용하기 힘든 점이 있다. 물론 거기에 실험실값과 플랜트의 실
제값과는 항상 차이가 나게 마련이다. 또한 화학공식을 통한 이론적
인 계산법이 있다. 이것은 원료의 화학적 분석이 되어 있거나 그 화
학식이 밝혀져 있을 때 가능한 방법이다. 그러나 실제로는 단순, 일
반화해서 이 방법이 많이 이용되기도 한다. 예를 들어 BUSWELL 공
식이다.

$$C_nH_aO_b + \left(n - \frac{a}{4} - \frac{b}{2} \right) * H_2O \Rightarrow \left(\frac{n}{2} - \frac{a}{8} + \frac{b}{4} \right) * CO_2 + \left(\frac{n}{2} + \frac{a}{8} - \frac{b}{4} \right) * CH_4$$

여기서 나오는 n, a, b는 일반적으로 원료에 따라 알려져 있지 않다. 또한 원료는 매우 다양한 것이 보통이기에 이 식을 적용하는 데 주의가 필요하다. 만약 n, a, b값이 알려지게 되면 위의 식에 따라 CO_2나 CH_4의 몰수가 밝혀지게 되고 또한 그 원료의 양에 따라 CH_4의 양도 계산할 수 있게 된다.

또는 황과 질소가 추가된 Boyle식이 있다.

$$C_aH_bO_cN_dS_e + \left(n - \frac{a}{4} - \frac{b}{2} + \frac{3d}{4} + \frac{e}{2} \right) * H_2O \Rightarrow$$
$$\left(\frac{n}{2} - \frac{a}{8} + \frac{b}{4} - \frac{3d}{8} - \frac{e}{4} \right) * CO_2 + \left(\frac{n}{2} + \frac{a}{8} - \frac{b}{4} + \frac{3d}{8} + \frac{e}{4} \right) * CH_4 + dNH_3 + eH_2S$$

예전에 가축의 사료분석에 많이 사용되었던 WEENDER 분석이 바이오가스 생산량 계산에 이용되기도 한다. 이것을 위해서 박테리아에 분해된 VS량(oTS, organic total solid)과 원료의 지방과 단백질과 탄수화물 분석을 통해 각각의 량을 알아야 한다. 여기서 주의해야 될 부분이 원료에서 분해 가능한 부분과 박테리아를 통해 분해가 불가능한 부분을 고려해야 한다는 것이다. 그리고 분해가능한 지방과 단백질과 탄수화물에서 생산될 수 있는 최대 바이오가스량를 책정했다. 즉 분해가능한 지방에서 1125l/kg oTS, 단백질에서 650l/kg oTS, 그리고 탄수화물에서 750l/kg oTS이다. 그리고 거기에 각각 메탄할당량을 정했는데 지방에서 70%, 단백질에서 72.5%, 탄수화물에서 52.5%이다. 원료의 박테리아에 의해 분해된 oTS량을 분석하고 각각 지방과 단백질과 탄수화물의 분해가능한 부분이 분석을 통해 알게 되면 예상되는 최대 바이오가스량이 계산된다. 그러나 이 분석방법이 쉽지만은 않다. 특히 지방과 단백질과 탄수화물 분석방법이 아직까지 완숙한 단계에 있지 않다고 본다.

또는 원료의 탄소량(C)을 분석해서 바이오가스량을 예측하는 방법이 있다. 원료에서 C가 바이오가스(CO_2와 메탄)가 되기 때문이다. 이 방법은 비교적 간단하지만 분해가능한 부분과 불가능한 부분을 고려하지 않는다는 단점이 있다. 단순히 원료 속의 C량과 1g C량에 생산될 수 있는 바이오가스(1.81Norm-liter)를 계산하는 것이다. 여기에는 셀루로오스의 C량과 이상적 가스의 몰당 22.41리터가 적용되었다. 특히 분해된 C량에서 박테리아의 성장에 이용된 C량(전체의 3.1%)을 고려했다는 점이 특징이다.

부연해서 가스량을 이야기하거나 서로 비교할 때 필요한 것이 가스량의 스탠다드화이다. 즉 가스는 온도와 압력에 따라 그 부피가 변하기 때문에 0도 1기압에서의 가스량으로 환산해야 한다는 것이다. 그것을 위한 식은 다음과 같다.

$$Norm\_Volume = \frac{Gasvolume(measured) * \Pr essure(measured) * Norm\_temperature(273K)}{Temperature(measured) * Norm\_pressure(1013mbar)}$$

5) 바이오가스 기본 파라미터

바이오가스를 다룰 때 주로 사용되는 용어들이 있다. 플랜트운영자나 설계자, 공무원들이 이러한 프로세스 파라미터들을 기본적으로 익히고 있어야 플랜트 계획 및 평가 시에 대화가 될 수 있다.

표 4-1 바이오가스 기본 파라미터

파라미터	설 명	적정값(영역)
온도	중온 또는 고온 (Mesophillic or Thermophillic)	중온 : 37~42도 고온 : 50~55도
pH	pH값이 7.3 이하로 내려가기 시작하면 화학적 분석을 하고 대책을 빨리 세워야 한다.	7.5~8
산화환원력 (Redox potential)	유기물의 산화 환원과정 중에 일어나는 전위차이다.	< - 400mV
유기물 부하량 (OLR, organic loading rate)	VS kg/(m^3×d), 하루당 소화조 내부 유효작업용적 m^{3}당 투입되는 원료의 VS	일반적으로 2~5 정도이다. 그 이상으로 넘어가면 VFA(volatile fatty acid)가 축적이 되고 pH값이 내려가 메탄생성이 중단된다. 미량원소를 이용하여 OLR를 높여서 플랜트 볼륨단위당 생산량을 높이기도 한다.
HRT (Hydraulic retention tiem 체류시간, d)	원료가 소화조 내부에 머무는 시간, 이론적으로 소화조 부피를 원료공급 속도(feeding rate)로 나눈 값이 된다.	
TS (Total Solid, %)	원료의 물을 제외한 TS값, 105도에 약 5시간 정도(시간은 원료의 양과 질에 따라 다름) 가열해 모든 수분을 제거한 부분을 말한다. 이 값은 원료의 부피와 (소화조 부피 즉 단위면적당 생산량계산) 가스생산에 사용된다. 또한 이 값은 보통 펌핑과(15% 이하) 믹싱이(12% 이하) 가능한 기준에도 사용된다.	보통 음식물쓰레기는 20~30%, 에너지곡물은 30% 이상, 가축분뇨는 10% 미만이 된다. 소화조 안의, 즉 소화액의 TS는 8~10 정도가 적절하다.
점성도	펌핑과 믹싱기술에서 TS만으로는 설명이 되지 않는 부분들이 있다. 이때는 점성도로 판단을 하게 된다.	
VS (oTS, organic total solid, %)	이론적으로 바이오가스로 만들어질 수 있는 원료 부분을 말한다. 이것을 가지고 specific biogas rate를 계산하게 된다. 수분을 제거한 TS를 550도에서 여섯 시간 가량(시간은 원료의 양과 질에 따라 다름) 완전히 태우고 난 뒤 남은 부분(미네랄)을 뺀 부분을 말한다. 즉 TS 중에 태워져서 없어진 부분을 말한다.	신선한 원료를 기준으로 가축분뇨는 3~9% 로 종류에 따라 다양하고 에너지곡물은 25~33% 정도이다.
휘발성 지방산 (VFA, Volatile fatty acid)	gHAc$_{eq}$/ℓ , C2-C6의 휘발성 짧은 지방산을 의미한다. 특히 C$_2$H$_4$O$_2$, C$_3$H$_6$O$_2$, C$_4$H$_8$O$_2$이 중요하다. C$_3$H$_6$O$_2$과 C$_4$H$_8$O$_2$의 증가는 소화과정 중의 부정적인 결과로 볼 수 있다.	2~6, VFA는 혐기성 소화과정 중의 중간생산물로 이것들이 계속 분해되어 메탄과 CO$_2$로 결국 분해가 된다. 메탄생성균의 상태와 수 그리고 Alcalinity에 따라 그 기준이 달라질 수 있다.

(계속)

파라미터	설 명	적정값(영역)
Alcalinity, 탄산버퍼	gCaCO₃/ℓ, 생성되는 산을 중화시키는데 필요한 소화액속의 탄산량을 의미한다. 이것은 소화액의 pH값을 유지하는데 중요한 역할을 한다.	10 이상
암모늄질소(NH₄-N)	g/ℓ, NH₄⁺(암모니움)과 NH₃(암모니아)는 온도와 pH에 따라 균형을 이루는데 이 중 NH₃는 박테리아에 독이 된다.	4∼7 이하, 박테리아가 NH₄⁺ 농도에 적응하기도 하기 때문에 정확한 기준치를 말하기 어렵다.
O₂	mg/ℓ, 혐기성 소화는 O₂가 차단되어야 한다.	0.4 이하
전도력	mS/cm, 소화액의 이온농도를 간접적으로 나타낸다. 이것은 삼투 현상과 관련 박테리아 성장 환경의 중요한 하나의 요소이다.	에너지작물인 경우에 약 20
억제인자	원료주입 시에 고려해야 할 사항으로 원료 즉 가축분뇨, 또는 음식물찌꺼기 가운데 박테리아 성장을 억제하는 화학제품이 있는지를 검토해야 한다.	예를 들면 항생제 즉 Sulfadiazine(SDZ), Sulfamethazine(SMZ), Chlor-Tetracycline, Tetracycline, CuSO₄, QAV, Triclosan 등
유기고형물당 가스생산 [Speicific Gas Production(rate)]	ℓ/(kg oTS), ℓ/(kg oTS×d), oTS kg 당 얼마나 가스가 나오는지를 보는 것이다. 이때 주로 가스는 표준화된 부피이다(0도, 1기압) 또는 이것을 하루당 얼마나 나오는지 보기도 한다.	예를 들어 옥수수는 650, 소분뇨는 380, 돼지분뇨는 420, 짚은 400, 음식물쓰레기는 680 정도이다.
원료당 가스생산량 (Gas yield per raw material)	가스생산량을 비교할 때 또한 주로 사용되는 것이 원료(raw material, fresh mass) 톤당 가스량(m³)이다.	예를 들면 옥수수 톤당 200 정도가 되고 가축분뇨는 20 이하가 된다. 이것은 현장에서 그리고 위의 specific gas production은 학문적인 용도로 자주 이용된다.
식종제의 가스량을 제외한 가스생산량 (Net Specific Gas Yield)	어떤 원료의 가스생산량을 비교할 때 주의해야 할 것 중의 하나가 전체 생산량에서 식종제(Inoculum)에서 나오는 가스량을 제외시켜야 한다는 것이다.	
표준기준의 가스생산량 (Standardized Gas Yield)	가스생산량을 비교할 때 또 한 가지 주의해야 할 것은 가스량을 0도씨 1기압으로 변경계산한 값을 비교해야 한다는 것이다. 주로 앞에 N(normalized, N·mℓ)을 붙이거나 std(stadardized, mℓ std)를 붙인다.	
분해율 (Degree of degradation)	이것은 분해효율을 의미한다. 보통 가스생산량, CHP의 KW, oTS 등 여러 방법이 있다. 각기 장단점이 있기 때문에 동시에 다양한 파라미터를 이용하는 것이 바람직하다.	이론적 가스생산가능량을 Buswell 공식이나 Weender공식으로 계산하여 실제 가스생산량과 비교하여 분해효율을 보기도 한다.

(계속)

파라미터	설 명	적정값(영역)
황화수소 (H₂S)	mg/ℓ, H₂S는 박테리아나 사람에 해로운 가스이다. 또한 이것은 O₂와 접촉으로 황산으로 변하여 부식시킬 수 있는 상태로 된다. 소화조 내의 H₂S 양을 줄이기 위해 FeCl₂나 FeOH₂를 넣어 침전시키기도 한다. 이것은 녹아 있는 상태의 미네랄영양소와 결합해 침전되기 때문에 결국 박테리아의 미네랄흡수를 방해하게 된다.	50 이하
탈황방법	O₂를 미량(5% 이내) 공급하여 박테리아를 이용하여 황으로 만드는 방법이 있다. 또는 활성탄을 이용하는 방법도 있다.	
메탄할당량 [CH₄ Percentage(%)]	원료의 종류에 따라 다르지만 바이오가스에서 CO₂가 50%라고 한다면 메탄을 50%으로 계산을 한다. 바이오가스 중 실제적으로 에너지에 적용되는 가스는 CH₄이다.	50~70
원료투입주기	적은 양을 계속적으로 공급하는 것이 한 번에 많은 양을 공급하는 것보다 낫다고 알려져 있다. 박테리아가 적응할 수 있는 온도와 원료의 상태, 크기 등이 중요하고 그것을 위한 적응시간을 고려하는 것이다.	보통 매시간 한 번씩 24시간 또는 2시간당 한 번씩 원료를 공급한다.
원료온도	특히 겨울철에는 원료의 온도가 낮기 때문에 적은 양의 원료와 소화액을 섞어서 주입하기도 한다. 즉 소화액을 계속 순환시키는 것이다.	
가축분뇨비율(%)	가축분뇨의 바이오가스 생산이용은 온실가스방지에 유익하다. 또한 Alcalinity나 미네랄 등 프로세스 안정에 도움이 된다. 그러나 주로 분뇨에 포함되어 있는 항생제에 주의하기도 해야 한다.	30
혼합주기 (mixing interval)	믹싱을 하지 않으면 소화액 윗부분에 두껍고 딱딱하게 뜨는 층이 생기고 바닥에는 상대적으로 무거운 것들이 가라앉게 된다. 이것은 원료와 박테리아를 적절히 섞고 가스를 위로 배출하는 데 상당한 문제를 초래한다. 또한 원료에 따라 적절한 교반기를 설치해야 한다.	매시간당 5분 내지 10분. 프로세스에 따라 다르다. 어떤 프로세스는 교반기 없이 펌프로 순환시키는 방법으로 원료를 섞기도 한다. 전기소비량이 상당하기 때문에 풀가동을 할 수도 없다.

(계속)

파라미터	설 명	적정값(영역)
위생처리 (Hygenization)	음식물쓰레기 등 질병유발 및 환경오염 가능성이 있는 원료는 소화조에 투입 전 70도에 한 시간 동안 가열을 시켜서 원료를 정제시켜야 한다. 또는 55도에 24시간, 또는 55도에 HRT 적어도 20일 이상 가열을 해주어야 한다.	
CHP의 총가동시간 (Full operation time of CHP)	정해진 CHP의 풀가동시간(100%)을 1년간 계산한 값이다.	연간 8000 이상
열병합발전기 (Art of CHP)	전소형 또는 혼소형 엔진 두 가지 종류가 있다. 원리가 틀리고 특히 혼소형 엔진은 별도로 경유가 들어가기 때문에 kWh 계산 시 가스로부터 나오는 것과 경유에서 나오는 것과 구별해야 한다.	
CHP의 용량 [Output of CHP(goal, actual)]	kW, 플랜트를 접할 때 가장 먼저 물어 보는 것이 보통 플랜트 규모, 즉 CHP의 kW이다. 마치 자동차의 kW 물어보는 것과 같다. 이때 먼저 체크해야 하는 것이 최대 kW량과 현재 운영되는 kW량을 비교하는 것이다.	적어도 현재 운영되는 kW량이 최대치의 80~90% 이상 되어야 한다.
열병합발전기의 전기생산효율 (Electrical effectivity of CHP(%))	전기생산량이 플랜트의 경제성과 직관되기 때문에 일반적으로 높은 효율을 선호한다. 그러나 보통 높은 효율은 내구성이 떨어지기도 한다.	33~42
열병합발전기의 열생산효율 (Thermal effectivity of CHP(%))	화석연료비의 상승에 따라 근래에 와서 열도 중요한 상품으로 각광받고 있다. 그래서 열효율도 중요하게 인식된다.	35~56
전체 전기 생산량 중의 프로세스전기소비량 (%)	플랜트의 효율을 볼 때 전체 전기 생산량 대비 프로세스전기소비량을 물어보기도 한다. 당연히 적을수록 플랜트가 효율적으로 운영되고 있는 것이다.	5~12%

표 4-2 바이오가스 프로젝트에서 자주 사용되는 전형적인 숫자들(FNR 2011)

$1m^3$ Biogas	$0.5 \sim 0.75m^3$ Methane (CH_4)
$1m^3$ Biogas	$5.0 \sim 7.5kWh_{total}$
$1m^3$ Biogas	$1.5 \sim 3.0kWh_{el}$
$1m^3$ Biogas	0.6ℓ Oil
$1m^3$ Methane	$9.97kWh$
1kWh	3.6 MJ$(3.6 \times 10^6$ Joule$)$
1년 동안 소의 분뇨	$7.5 \sim 21m^3$/가축단위
1년 동안 돼지의 분뇨	$1.2 \sim 6.0m^3$/가축단위
1년 동안 말의 분뇨 (짚 포함)	$16m^3$/가축단위
1년 동안 가금류의 분뇨	$7.5m^3$/$100 \times$가축단위
1ha 옥수수 Silage	$7800 \sim 9100m^3$ Biogas
CHP 효율, 전기	$30 \sim 45\%$
CHP 효율, 열	$35 \sim 60\%$
연간 CHP 풀가동시간	$7500 \sim 8200h$
적절한 FOS/TAC 값	$0.4 \sim 0.6$
플랜트 당 고장 건수	1.2회/10kW$_{el}$
바이오메탄 정제 비용 ($250Nm^3$)	$7.79 \sim 10.01ct/Nm^3$
바이오메탄 정제 비용 ($1000Nm^3$)	$5.82 \sim 6.07ct/Nm^3$
250kW$_{el}$ 이하 플랜트 비용	$3500 \sim 6000$ 유로/kW$_{el}$
250 $\sim$ 500kW$_{el}$ 플랜트 비용	$3000 \sim 3500$ 유로/kW$_{el}$
500kW$_{el}$ 이상 플랜트 비용	< 3000 유로/kW$_{el}$
CHP 비용 (150kW$_{el}$)	875 유로/kW$_{el}$
CHP 비용 (250kW$_{el}$)	738 유로/kW$_{el}$
CHP 비용 (500kW$_{el}$)	586 유로/kW$_{el}$

마지막으로 짧은 하나의 이야기로 마무리짓고 싶다. 한국의 식량 자급률은 약 27% 정도 된다고 한다. 이런 상황에서 바이오에너지작물 이야기를 하면 많은 사람들이 듣기도 전에 고개를 저을 것이라는 상황에 대해 이해가 간다. 하지만 멀리 내다본다면 불가능한 일도 아닐 것이라는 의견을 조심스럽게 제시해본다. 중요한 것은 석유, 석탄을 대체할 에너지를 찾아야 한다는 것이다. 그것이 꼭 바이오에너지작물일 필요는 없는 것이다. 그러나 그 필요성에 대해서도 바이오가스 관련하여 이 책에서 많이 언급이 되었다. 이 책을 계기로 한 가지 또 다른 연구제안을 마지막으로 해보고자 한다. 만약에 현 상황에서 한국에 바이오에너지작물이 쉽지가 않다면 다른방법으로 바이오가스 생산이 가능할 수도 있다. 그것의 한 예가 오직 H_2와 CO_2를 통한 메탄생성이다. 약간의 영양분과 함께 메탄박테리아는 이 두 기체를 주원료로 성장이 가능하고 CH_4을 생산할 수 있다. 즉 원료가 두 종류의 가스이고 생산되는 가스는 메탄과 CO_2이다. 주생산가스는 CH_4이 될 것이다. 이러한 기술이 현 상황에서 한국에 적합하지 않을까 생각을 해본다. 좀 더 생각해본다면 이런 문제에 직면하게 된다. H_2는 어디서 얻으며 어떻게 저장할 수 있을까? 보통 H_2는 전기분해를 통해 이루어진다. 물론 박테리아를 통해 H_2생산이 가능하지만 그 효율이 매우 낮다. 전기분해는 오로지 재생에너지를 통해서 남는 전기로 가동될 때에만 그 가치가 있다. H_2의 특성상 이동과 저장이 쉽지가 않다. 또 한가지 문제는 H_2의 물에 대한 용해도는 매우 낮다는 것이다. 그래서 메탄박테리아가 H_2를 흡수할 시간과 접촉면적이 적다는 것이다. 어떤 이는 그래서 접촉면적을 늘리기 위해 필터를 넣기도 한다. 또 다른 한 가지 시도는 소화조에 오로지 H_2와 CO_2를 먼저 채운 이후에 메탄박테리아가 있는 액체를 그 소화조에 조금씩 뿌리는 것이다. 이것이 오히려 접촉면적이 더 높다는 의견이 있다. 여러 가지 방법이 있을 수 있을 것이다. 여기에 대한 연구는 독일에서도 별로 진행된 적이 없는 새로운 기술에 속한다. 다른 한편으로 대두되고 있는 것이 Power to Gas, 즉 전기에서 가스를 생산하는 것에 관한 이슈이다. 독일 같은 경우는 재생에너지, 특히 풍력으로부터 생산되는 많은 전기를 저장하는 기술을 찾고 있다. 그것을 위해 남는 전기를 이용하여 전기분해를 통해 H_2를 생산하는 기술을 놓고 연구개발이 새롭게 진행되고 있다. 남는 전기를 저장하고 필요 시에 전기를 효율적으로 사용해야 하는 필요성이 전 세계적으로 일어나고 있다.

전기를 저장하는 여러 가지 방법 중에서 양수발전, 각종 배터리 등 여러 방법 가운데 전기분해를 통해 H_2화시켜서 전기를 저장하는 방법이 큰 규모(10GWh 이상)의 시설에서는 유일한 방법이라는 것이 통념이다. 이것은 물을 전기분해하여 H_2와 O_2를 내는 방법으로 여기에 필요한 기술이 1MW 또는 10MW 이상의 큰 규모의 전기분해기술이다.

H_2를 많이 만들어 낸다고 했을 때 이를 어디에 저장하는지가 또 문제가 되는데 그 해결방법으로는 지하의 자연적으로 생긴 공간에다 저장하거나 지상의 인공저장고에 저장하는 방법을 예로 들 수 있다. 가장 적합한 저장 방법으로 인정되고 있는 것이 기존의 가스라인에 저장하는 방법이다. 통계에 의하면 독일 같은 경우는 필요한 전기저장량이 20~40TWh 정도인데 기존의 가스라인의 저장능력은 200TWh가 넘는다고 한다. 즉 충분한 저장고가 이미 있는 것이다.

그런데 H_2를 메탄이 가득 차 있는 가스라인에 그냥 섞어 넣을 수 없다는 것이 문제이다. 독일의 경우 현재의 법으로는 경우에 따라 H_2

는 10%를 넘을 수가 없고, 칼로리가 다른 가스를 섞어 넣는다는 것은 간단한 문제가 아니다. 칼로리가 다른 가스를 기존의 라인에 공급하게 된다면 기존의 칼로리값에 맞게 만들어진 관련된 모든 가스기계들을 바꾸어야 한다. 그래서 가스의 칼로리를 기존의 메탄칼로리와 맞게 맞추는 것이 합리적인 방법이 된다. 그 방법이 H_2를 메탄으로 바꾸는 기술(메탄화, methanation)이다. 그 방법으로는 화학적 방법, 즉 열과 압력과 화학적 촉매제를 이용하는 방법과 생물학적 방법이 있고, 둘 다 아직 연구단계에 있다. 생물학적 방법은 특별한 열과 압력과 화학물질이 필요하지 않다는 장점이 있지만 효율이 비교적 적다는 단점이 있다. 생물학적인 메탄화 방법은 위에서 잠깐 언급한 H_2와 CO_2를 이용한 메탄생산방법과 연결된다.

한국은 인구가 많고 땅이 좁으며 원료가 풍족한 편은 아니다. 가스 라인은 잘 형성되어 있고 효율적인 전기에너지이용뿐만 아니라 남는 전기 저장에도 관심이 있을 것이라 생각된다. 앞서 언급한대로 큰 규모로 전기를 저장할 수 있는 유일한 방법이 전기분해를 통한 H_2생산이다. 지금의 기술로는 H_2를 원료로 사용하는 자동차의 상용화는 아직까지 실현되기 어렵다고 한다. 전기차나 H_2차는 별도의 많은 인프라가 새롭게 만들어져야 한다는 단점이 있다. 좀 더 현명한 방법은 H_2를 천연가스로 만드는 방법이다. 그렇다면 기존의 인프라를 바로 이용할 수 있다.

만약 한국에서 H_2를 천연가스, 즉 메탄으로 만드는 방법을 상용화할 수 있다면 이 분야를 선도하는 국가가 될 수 있지 않을까 생각하며 또 그렇게 되기를 기대해본다.

참고
문헌

Biogas-Messprogramm II. Fachagentur Nachwaschende Rohstoffe e.V. Gülzow, 2009.

Biogas Pflanzen, Rohstoffe, Produkte. Fachagentur Nachwaschende Rohstoffe e.V. Gülzow, 2011.

Faustzahlen Biogas. KTBL. Darmstadt, 2009.

Hygienisierungspotential des Biogasprozesses. LfL. Freising-Weihenstephan, 2010.

Kim et al., Status of biogas technologies and policies in South Korea, Renewable & Sustainalbe Energy Reiviews, 16 (2012) 3430–3438

Leitfaden Biogas. Fachagentur Nachwaschende Rohstoffe e.V. Gülzow, 2010.

Organische Düngung. BGK. Köln, 2006.

Planung Und Bau Verfahrenstechnischer Anlagen. Gerhard Bernecker. VDI-Verlag. Düsseldorf, 1984.

Schwachstellen an Biogasanlagen verstehen und vermeiden. KTBL. Darmstadt, 2009.

Sicherheitsregeln für Biogasanlagen auf Basis der Betriebssicherheitsverordnung. DAS-IB GmbH. Kiel, 2009.

Wege zum Bioenergiedorf. Fachagentur Nachwaschende Rohstoffe e.V. Gülzow, 2008.

http://yongsung41.wix.com/biogas#

/ ㄱ /

/ ㄴ /

/ ㄷ /

/ ㄹ /

/ ㅁ /

바이오가스 마스터플랜

초판인쇄 2013년 1월 16일
초판발행 2013년 1월 24일

저　　자 김용성
펴 낸 이 김성배
펴 낸 곳 도서출판 씨·아이·알

책임편집 이소현
디 자 인 김진희, 양은영
제작책임 윤석진

등록번호 제2-3285호
등 록 일 2001년 3월 19일
주　　소 100-250 서울특별시 중구 예장동 1-151
전화번호 02-2275-8603(대표)　**팩스번호** 02-2275-8604
홈페이지 www.circom.co.kr

ISBN　978-89-97776-49-8　93530
정가　18,000원